柑橘无病毒苗木繁育新技术彩色图说

邓崇岭　刘升球　唐　艳　等　著

 中国农业科学技术出版社

图书在版编目（CIP）数据

柑橘无病毒苗木繁育新技术彩色图说 / 邓崇岭，刘升球，唐艳等著.—北京：中国农业科学技术出版社，2020.7
ISBN 978-7-5116-4859-4

Ⅰ.①柑… Ⅱ.①邓… Ⅲ.①柑桔类—植物病毒病—防治—图解 ②柑桔类—育苗—图解 Ⅳ.①S436.631.1-64 ②S666.04-64

中国版本图书馆 CIP 数据核字（2020）第 120351 号

责任编辑　白姗姗
责任校对　贾海霞

出　版　者　中国农业科学技术出版社
　　　　　　北京市中关村南大街12号　　　邮编：100081
电　　　话　（010）82106638（编辑室）　（010）82109702（发行部）
　　　　　　（010）82109709（读者服务部）
传　　　真　（010）82106650
网　　　址　http:// www.CASTP.cn
经　销　者　各地新华书店
印　刷　者　北京地大天成文化发展有限公司
开　　　本　880mm×1 230mm　1/32
印　　　张　5.875
字　　　数　165千字
版　　　次　2020年7月第1版　2020年7月第1次印刷
定　　　价　48.00元

《柑橘无病毒苗木繁育新技术彩色图说》

著者名单

主　著：邓崇岭　　刘升球　　唐　艳

著　者：邓崇岭　　刘升球　　唐　艳

　　　　王明召　　李贤良　　陈传武

　　　　武晓晓

资助本书出版的平台和项目

1. 国家现代农业产业技术体系广西柑橘创新团队首席专家岗位（nycytxgxcxtd-05-01）

2. 国家现代农业（柑橘）产业技术体系桂北柑橘综合试验站（CARS-26）

3. 广西柑橘育种与栽培工程技术研究中心

4. 农业部广西桂林柑橘无病毒良种繁育基地

5. 农业部广西桂林市国家柑橘原种保存及扩繁基地

6. 广西特色作物试验总站（桂TS201401）

7. 广西现代农业产业技术体系创新团队桂林综合试验站（nycytxgxcxtd-05-04）

8. 国家重点研发计划课题"西南柑橘化肥农药减施增效技术集成研究与示范"（2017YFD0202006-02）

9. 国家重点研发计划课题"柑橘优质高效品种筛选及配套栽培技术研究"（2019YFD1001402）

10. 广西创新驱动发展专项资金项目"柑橘黄龙病综合防控技术研究与示范"（桂科AA18118046-6，桂科AA18118046-8）

11. 广西创新驱动发展专项资金项目课题"广西柑橘无病毒良种繁育与产业化关键技术研究与示范"（桂科AA17204046-4）

12. 广西创新驱动发展专项资金项目课题"水果种质资源收集鉴定与保存"（桂科AA17204045-4）

13. 广西柳城蜜橘试验站（桂TS2016005）

前　　言

柑橘是中国南方重要的经济类果树，栽培历史悠久。中国为全球柑橘生产第一大国，其柑橘产量于2007年首次超越巴西，近十年以来的柑橘面积和产量均居全球第一。2016年中国柑橘种植面积和产量分别达到256.08万hm²（3 841.20万亩）和3 764.87万t，分别占全国水果总面积和总产量的19.73%和20.78%，面积居各类水果之首，产量居苹果之后排第二位。2018年中国的柑橘面积和产量已分别达到248.67万hm²（3 730.04万亩）和4 138.14万t，首次超过苹果产量，成为全国第一大水果。2018年广西壮族自治区柑橘面积为50.14万hm²（752.12万亩），产量836.49万t，产值242.20亿元，柑橘面积及产量均居全国第一。种植柑橘是我国柑橘产区农民增收、脱贫致富的重要途径。

随着柑橘生产的快速发展，柑橘病虫害也不断增多，对柑橘产业的发展已经构成严重威胁。特别是一些目前还没有治愈方法的病害，如柑橘黄龙病，对我国部分产区的柑橘产业造成了毁灭性的影响，此外，像柑橘衰退病、柑橘碎叶病、柑橘黄脉病等一些病毒类病害发生和为害也越来越严重。为了从源头上控制柑橘黄龙病、柑橘衰退病、柑橘碎叶病等病害的为害，必须繁育和种植柑橘无病毒苗木，因此繁育和种植柑橘无病毒苗木是柑橘产业可持续健康发展的基础。

广西特色作物研究院柑橘无病毒苗木繁育科研团队先后承担农业农村部广西桂林柑橘无病毒良种繁育基地和农业农村部广西桂林市国家柑橘原种保存及扩繁基地的建设，并获得国家科技进步奖二等奖1项，广西壮族自治区科技进步奖二等奖2项，广西壮族自治区科技进步奖三等奖1项。从1985年开始进行柑橘茎尖微芽嫁接脱毒研究和无病毒母树的培育，经过30多年的研究积累，在柑橘无病毒苗木培育方面有着丰富的实践经验，建立了广西唯一的集新品种引进、脱毒、鉴定、母树繁育保存、脱毒良种接穗供应和苗木繁育生产于一体的省级柑橘无病毒良种繁育中心，在此基础上，成功建立了广西柑橘无病毒良种繁育体系，为广西柑橘黄龙病防控取得了较好效果，为广西柑橘产业健康发展作出了较大贡献。

为了系统地介绍柑橘无病毒苗木繁育过程及关键技术，促进柑橘苗木产业的发展，规范柑橘无病毒苗木的培育，笔者总结了广西特色作物研究院30多年柑橘无病毒苗木培育的研究成果及实践经验，广泛收集国内外资料，认真拍摄照片及撰写，完成了《柑橘无病毒苗木繁育新技术彩色图说》一书的编写。

全书共9章，16万多字，以简洁易懂的文字、丰富的原色图片全面介绍了柑橘无病毒苗木繁育新技术，内容包括概述、柑橘的繁殖方法，无病毒母本园、采穗圃、砧木种子园的建立，容器育苗、网室地栽苗、容器大苗的培育，苗木出圃等，精选了200多幅彩色照片。本书内容详细、完整和实用。希望《柑橘无病毒苗木繁育新技术彩色图说》的出版，有助于提升柑橘无病毒苗木繁育的水平，促进柑橘无病毒苗木产业的健康发展，为柑橘从业者、柑橘苗木生产者、科研教学者、技术推广者提供参考。

在本书的编写过程中，得到了白先进研究员、邓子牛教授、伊华林教授、李大志教授、梁声记推广研究员、赵小龙推广研究员、李德安推广研究员等有关领导、专家的大力支持，在此表示衷心感谢！

由于水平和时间所限，恳请读者对书中不当之处批评指正。

著　者

2020年6月于桂林

目　　录

第一章 概　述

第一节　国内外柑橘产业发展概况

柑橘是世界第一大水果，面积和产量均居世界各类水果之首，有138个国家种植柑橘，中国、巴西、印度、墨西哥、美国、西班牙、埃及、土耳其、尼日利亚及伊朗等国的柑橘产量居全球前十位。据联合国粮农组织（FAO）的统计数据，2016年全球柑橘种植总面积约946.67万hm^2（1.42亿亩*），总产量1.46亿t，分别是全球第二大水果苹果种植面积和产量的1.79倍和1.64倍。同十多年前的2007年相比，分别净增加了79.52万hm^2和2 655.64万t，增幅分别达9.18%和22.15%。

中国为全球柑橘生产第一大国，其柑橘产量于2007年首次超越巴西，近十年以来的柑橘面积和产量均居全球第一。2016年中国柑橘种植面积和产量分别达256.08万hm^2（3 841.20万亩）和3 764.87万t，分别占全国水果总面积和总产量19.73%和20.78%，面积居各类水果之首，产量居苹果之后排第二位。2018年中国的柑橘面积和产量已分别达到248.67万hm^2（3 730.04万亩）和4 138.14万t，首次超过苹果产量成为全国第一大水果。

---

* 　1亩≈667m^2，1hm^2=15亩。全书同

2016年，中国柑、橘、橙、柚四大柑橘类水果产量分别为1 213.36万t、1 304.37万t、702.67万t和460.92万t，分别占柑橘类水果总产量的32.23%、34.65%、18.67%和12.24%。

第二节　国内外柑橘苗木生产技术发展概况

柑橘苗木是柑橘产业发展的重要基础，美国、巴西等柑橘产业发达的国家十分重视柑橘苗木的生产与管理。美国加利福尼亚州20世纪30年代最先实施柑橘良种无鳞皮病计划，50年代实施以发展无病毒良种为目标的品种改良计划，70年代改称柑橘无性系保护计划（CCPP）。继美国之后，70年代后期西班牙开始实施以无病毒化为基础的柑橘品种改良计划，后来不少发达柑橘生产国相继实施此类计划。因此，自20世纪70年代以来，美国、西班牙、澳大利亚、南非、意大利、以色列和巴西等国相继建立柑橘良种无病毒苗木繁育体系，在全国范围内广泛应用无病毒苗木。同时，美国等发达国家专门制定相关法律法规，对柑橘苗木实行严格的注册管理制度。其苗木生产方式全部采用工厂化无病毒容器育苗，苗木接穗由国家统一指定的供应地点提供，从而在源头上保证了柑橘生产品种的纯正与无毒。在苗木的销售方式上，所有苗圃当年销售的数量都要报告给有关部门进行登记，以备检查。

国内柑橘苗木繁育技术研究相对滞后，苗木生产方式较为落后和混乱，各地采用不同的育苗方法，其中以常规露地育苗为主，接穗品种也没有统一的出处和标准。柑橘无病毒苗木繁育技术研究开始于20世纪70年代，华南农业大学应用湿热空气处理获得无黄龙病柑橘接穗材料，中国农业科学院柑桔研究所应用四环素等抗生素处理获得无黄龙病柑橘接穗材料。70年代末80年代初广东、广西壮族自治区（以下简称广西）和福建应用上述技术建立无黄龙病和溃疡病的柑橘良种母本园。中国农业科学院柑桔研究所1980年开始应用指示植物鉴定和茎尖嫁接脱毒技术获取优良品种的无病毒后代。80年代以来，茎尖嫁接脱毒技术和热处理+茎尖嫁接脱毒技术在科研教学单位得到了较广泛的应用。广西特色作物研究院于1985年开始进行柑橘茎尖嫁接脱毒技术和热处理+茎尖嫁接脱毒技术研究，1997—2012年建立广西柑橘良种无病毒苗木繁育体系，目前，全广西共有无病毒苗圃32个，年繁育无病毒苗木2 000万株左右，因此，整个苗木繁育体系已基本建成（图1-1至图1-3）；1986—1991年，四川、湖南实施全省性柑橘良种无病毒繁殖计划；1990—1995年，重庆市实施柑橘良种无病毒繁殖计划（图1-4，图1-5）。此外，中国农业科学院柑桔研究所90年代初还帮助云南省建立柑橘良种无病毒母本园。经过20余年的努力，通过建立柑橘无病毒良种库、重视推广从国外引进的无病毒柑橘良种材料、加大种苗工程投资力度，建设脱毒中心和良种苗木繁育场，至2005年，中国已逐步建立起较完整的柑橘良种无病毒苗木繁育体系。

图1-1 广西特色作物研究院柑橘无病毒苗圃鸟瞰图

图1-2　广西特色作物研究院柑橘无病毒苗圃

图1-3　广西特色作物研究院酸橘砧木穴盘播种圃

图1-4　重庆绿康果业有限公司苗圃

图1-5　重庆绿康果业有限公司苗圃

　　目前，全国从事柑橘种苗生产的苗圃企业超过220家。近5年全国柑橘种苗的生产量均稳定在1.2亿～1.5亿株，形成了一个年产值超过10亿元的产业，并使产业链向基础建设和机械应用等领域延伸。在柑橘的优势产区中，每年育苗和出圃数量较大、超过1 000万株的省区市分为四类，一是受柑橘黄龙病影响需要大面积恢复种植的江西（图1-6，图1-7）；二是受益于产业大发展和品种结构大调整的广西、四川等省（区）；三是重庆、浙江等柑橘新品种推出较快的省（市）；四是湖南、湖北等产业传统大省。广东和福建由于栽培面积稳定、品种更新不快等原因，每年育苗量基本稳定在

图1-6　江西赣州赣南柑橘良种苗木繁育有限公司苗圃——枳砧木播种圃

300万～500万株的数量级。在2017年，农业部认定了柑橘的5个地区为国家第一批区域性良种繁育基地，分别是：湖南省湘西州、江西省赣州市、重庆市北碚区、湖南省洪江市、重庆市江津区。

图1-7　江西赣州赣南柑橘良种苗木繁育有限公司苗圃——嫁接容器苗

第三节　广西柑橘产业发展概况及建议

广西位于祖国南疆，地处北纬20°54′～26°20′，气候温和，雨量充沛，光照充足，属于亚热带季风气候，年均温度16.7～22.6℃，是种植柑橘最适宜区或适宜区。广西栽培柑橘历史悠久，远在4 000年前的古籍《禹贡》上就有记载。广西柑橘栽培品种多，几乎能种植所有的柑橘品种，有一定栽培面积的品种达60多个。中华人民共和国成立以来，柑橘产业得到较大发展，特别是2006年以后柑橘产业得到快速发展，2015年广西柑橘产量首次居全国第一，2017年广西柑橘产业规模（面积、产量及产值）已居全国第一（图1-8至图1-18）。柑橘是广西主要经济作物之一，是广西第一大水果（图1-19），柑橘已成为农民名副其实的"钱袋子"、脱贫致富的支柱产业和农民经营性收入的最主要增长点。

图1-8　广西荔浦市修仁镇万亩沙糖橘基地

图1-9　广西荔浦市兴万家柑橘产业示范区沙糖橘基地

图1-10　广西阳朔县金柑树冠覆膜

图1-11　广西阳朔县沙糖橘树冠覆膜

图1-12　广西灵川县潭下镇万亩柑橘基地

图1-13　广西全州县咸水林场万亩柑橘基地

图1-14　广西恭城县金燕子生态农产品开发有限公司柑橘果园

图1-15　广西来宾海升农业有限公司果园

图1-16　广西桂洁农业开发有限公司沃柑基地

图1-17　广西农垦国有明阳农场向阳红沃柑产业核心示范区

图1-18　广西起凤橘洲生态农业有限公司沃柑基地

x

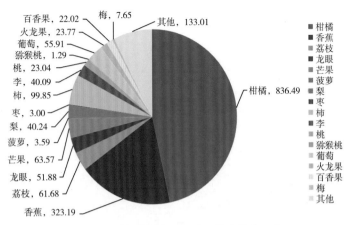

图1-19　2018年广西不同水果的产量（万t）

一、广西柑橘产业现状

（一）柑橘产业快速发展，产业规模居全国第一

广西柑橘产业发展分为3个时期：1952—1979年为柑橘产业发展初期，柑橘产量从1.62万t发展到7.64万t；1980—2005年为柑橘产业中速发展期，柑橘产量从10.26万t发展到187.67万t；2006年以后为柑橘产业快速发展期，柑橘产量从205.52万t发展到836.49万t，柑橘产业得到快速发展。2006年广西柑橘栽培面积18.45万hm^2，柑橘总产量205.52万t，柑橘总产值31.97亿元，产量在全国处于第五位，占全国11.48%；2015年柑橘面积33.29万hm^2（499.29万亩），产量519.28万t，产值123.33亿元，产量居全国第一位（图1-20）；2017年面积44.13万hm^2（661.97万亩），产量686.66万t，产值213.47亿元；2018年面积50.14万hm^2（752.12万亩），产量836.49万t，产值242.20亿元（图1-21），柑橘产量连续5年居全国第一，实现了广西柑橘人的"柑橘梦"，柑橘产业已成为广西农村经济发展和广大农民脱贫致富的支柱产业之一。

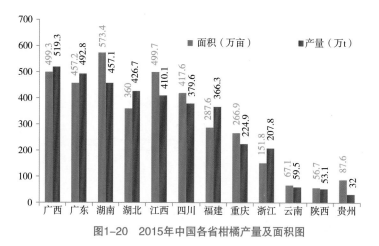

图1-20　2015年中国各省柑橘产量及面积图

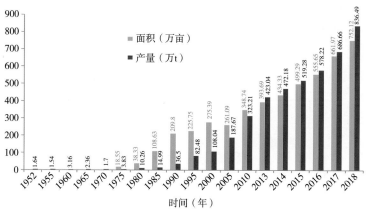

图1-21　广西柑橘面积和产量历年变化情况

（二）品种结构优化，柑橘鲜果基本达到周年供应

广西种植的柑橘品种分为宽皮柑橘类、橙类、柚类和金柑类四大类，其中宽皮柑橘类所占比例高，2018年占全部柑橘面积71.88%，有增加的趋势；橙类所占比例低，占全部柑橘面积14.09%，基本保持平稳；柚类有下降趋势，占全部柑橘面积8.50%；金柑占全部柑橘面积5.20%（图1-22）。广西所产柑橘大部分为鲜食用果，占95%以上，加工用果比例小。

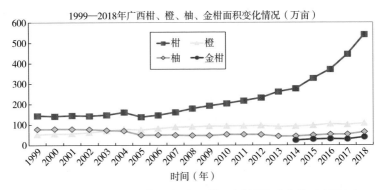

图1-22 1999—2018年广西柑、橙、柚、金柑面积变化情况（万亩）

20世纪广西早、中、晚熟柑橘品种搭配不合理，上市期过于集中。由于广西非常适合种植早、晚熟柑橘品种，2000年以后，广西大力调整品种结构，优化品种布局，目前，柑橘采收期品种比例为早熟：中熟：晚熟=1：3.5：5.5，使广西柑橘鲜果基本达到周年供应（图1-23）。

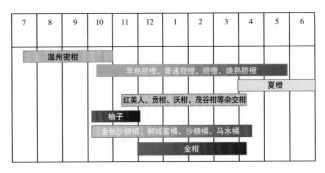

图1-23 广西各柑橘品种采收期

（三）单位面积产量和果品质量明显提高

随着柑橘优质高效技术的推广普及，单产水平有了很大提高。2017年全区柑橘平均单位产量1 037.30kg/亩，比2005年的718.75kg/亩，增长了44.32%。

广西柑橘产业积极开展柑橘病虫害绿色防控，加大力度推广沙糖橘和金柑树冠覆膜栽培技术，推进标准果园建设和肥水一体化示范，引导出境水果果园登记注册，加快实施标准化生产，有力促进了柑橘产量品质提升，特别是果品安全质量有了明显提高。

（四）柑橘黄龙病为害得到有效控制

广西为黄龙病老疫区，柑橘黄龙病为害非常严重，基本上毁掉1代，有的地区已毁掉第2代、第3代。2005年以来，广西开展了大规模的柑橘黄龙病综合防控工作，取得较好的成绩。2005—2012年，全区柑橘黄龙病病株率逐年下降，并连续几年保持在1%左右，全区柑橘产量和面积逐年增加，经济效益和社会效益非常显著。但2013年后再次进入柑橘种植高峰，黄龙病发生率有所上升，2014年病株率出现反弹，2014年病株率达2.3%，2015年2.11%，2016年1.98%，2017年2.0%。近几年柑橘价格下降，会导致果园管理不到位，投入少，失管果园多，黄龙病存在暴发的风险，因此，柑橘黄龙病的防控形势依然非常严峻（图1-24）。

图1-24　广西柑橘黄龙病发病率

二、广西柑橘产业发展的优势

（一）气候条件优越，具有早、晚熟期优势

广西地处北纬20°54′~26°20′，年均温度16.7~22.6℃。

从北（桂林）至南（北海）≥10℃年有效积温5 953～8 158℃，1月平均气温8～14.4℃，7月平均气温27.6～27.9℃，极端最低气温-4.7～-2℃，属亚热带季风气候，为种植柑橘提供了充足的温度、光照、雨量条件，基本上全广西都是柑橘种植的适宜区。

同一品种有40天左右的市场供应期：广西南部（龙州22°22′）与北部（全州25°59′）纬度相差3°37′。据有关资料，柑橘果实成熟期与纬度密切相关，纬度相差1°，成熟期相差10天，南北相差近40天。

广西年平均气温及年积温都较高，桂林以南的广大区域基本无霜冻，无冰雪冻害，晚熟柑橘品种的果实可以安全过冬，非常适合种植晚熟柑橘（如沃柑、茂谷柑、W.默科特、伦晚脐橙、阿尔及利亚夏橙、佛罗斯特夏橙、马水橘、明柳甜橘等）。同时桂南地区及低纬度高海拔地区又适合早熟或特早熟柑橘种植。由于早、晚熟柑橘品种错季上市，价格要比普通的中熟柑橘高1～3倍，显著提高了果农的经济效益，有利于柑橘产业的健康发展。

（二）品种资源丰富，栽培品种多

广西具有众多的野生柑橘种质资源，是柑橘的老家；栽培历史悠久；栽培品种繁多，几乎适合种植所有的柑橘品种。目前全区有一定栽培规模的柑橘品种约65个，其中，宽皮柑橘类17个、橙类19个、杂交柑类12个、柚类9个、金橘类5个、柠檬类3个。

（三）种植效益高、且稳步增长

由于广西柑橘具有独特、优越气候生态条件，适合种植早、晚熟柑橘品种，因此，柑橘种植的效益都比较高，价格一直处于较高状态。早熟温州蜜柑价格为2.00～4.00元/kg，金柑为6.00～14.00元/kg，沙糖橘价格稳定在6.00～16.00元/kg，茂谷柑价格稳定在6.00～12.00元/kg，沃柑价格稳定在6.00～16.00元/kg。成年柑橘果园每亩纯收入达5 000～10 000元，高的可达到每亩纯收入

20 000～40 000元，极大地刺激农民种植柑橘的积极性。

（四）区位优越明显

广西面向太平洋与东南亚相通，背靠大西南与我国广阔腹地相连，南部与越南接壤。中国与东盟建立自由贸易区后，广西作为大西南的便捷出海通道，开辟东南亚柑橘产品市场，具有"地利"区位优势。广西拥有北海、防城港、钦州三大港口，是我国九大柑橘主产省（区市）中唯一的沿海、沿边省区，所种植的柑橘早、晚熟品种，风味浓、偏甜，适合东南亚人口味，易为东南亚市场接受，向南可出口不宜种植柑橘的东南亚国家，向北可销售到成熟期晚的国内中原地区和不宜种植柑橘的西北、东北地区。

（五）宜果土地资源潜力大

全区土地总面积23.7万km^2，其中，林地面积1 151.23万hm^2，牧草地和水域面积共155.19万hm^2，耕地面积256.07万hm^2。已开发种植水果约120.00万hm^2，宜果的荒山荒地尚有近100.00万hm^2，特别是近年出现大量的退蕉地及退蔗地。因此，发展柑橘生产土地资源潜力大。

三、广西柑橘产业存在的问题

（一）柑橘产量趋于饱和状态，销售压力越来越大

2018年全国柑橘面积248.67万hm^2（3 730.05万亩），产量4 138.14万t，居世界第一。世界人均柑橘占有量为16kg，美国人均为22kg，中国人均柑橘占有量为26.6kg（2015年数据），柑橘已基本上处于饱和状态。广西柑橘种植面积和产量逐年上升，2018年面积达50.14万hm^2（752.12万亩），产量达836.49万t，同时大量新种植的果园进入投产期，导致柑橘产量大，价格呈下降

趋势，销售压力越来越大。广西的沙糖橘实际面积达24.00万hm²（360万亩），沃柑面积10.00万hm²（150万亩），单一品种面积大，产量多，同时采收上市，果品销售压力大，销售困难。

（二）柑橘黄龙病等主要病虫害有上升趋势，防控形势严峻

在广西的柑橘病虫害中，最严重的是黄龙病的为害，据不完全统计，广西近40年来因柑橘黄龙病为害而淘汰的柑橘园超过7万hm²，造成的经济损失已累计超过100亿元，目前，广西每年因黄龙病造成的经济损失还高达数亿元。区农业农村厅植保总站统计数据显示，2006—2012年，全区柑橘黄龙病病株率逐年下降，并连续几年保持在1%左右，但是，2013年广西柑橘黄龙病病株率出现反弹，2014年黄龙病病株率出现"强劲"反弹，病株率增加109.1%，黄龙病发生为害趋势十分严重，据统计，截至2014年12月，广西全区柑橘黄龙病发生面积2.79万hm²，约占柑橘种植面积的9%。虽然，2006年以来广西柑橘黄龙病的防控取得较好的成绩，但柑橘黄龙病的防控形势依然非常严峻。柑橘溃疡病、柑橘小实蝇等为害也有上升趋势，必须引起高度重视。

（三）柑橘无病毒苗木生产数量少，苗木质量有待提高

目前，广西年繁育柑橘无病毒苗木1 000万～1 500万株，而每年新种植柑橘面积为2万～3万hm²，需柑橘无病毒苗木3 000万株左右，苗木缺口达1 500万株以上，如何保证这一半苗木的质量是面临的一个严峻问题。全区育苗大部分由个体户进行，上等级、成规模、设施完善、管理规范、繁育质量可靠的柑橘无病毒繁育苗圃少，没有形成专业化生产需要的接穗母本园、采穗圃、苗木繁育圃等配套的良种繁育体系，市场销售劣苗、病苗、假苗事件时有发生。

广西生产的柑橘无病毒苗木多为露地裸根苗，苗木质量相对较差，根系不发达，种植后生长慢，缓苗期长，成活率低，且定

植受季节限制；国外及我国重庆、江西、四川、湖北等地都采用容器育苗，具有苗木质量好、根系发达、一年四季都可种植、成活率高、定植后生长快、提早投产等优点。

（四）柑橘新品种选育有待加强，新品种引种推广不规范

自主知识产权柑橘新品种不多，满足不了产业发展的需求；品种区划研究不够，没有做到适地适栽；单一品种无序种植，面积过大；近几年来，由于苗木商的夸大宣传及果农的盲目跟风，新品种不经观察、脱毒及区试就大规模引种推广，出现问题较多，潜在风险非常大。

（五）柑橘标准化生产水平低，果品安全品质有待提高

果园基础设施薄弱：约80%柑橘园没有基本的水肥一体化系统、排灌系统、道路系统、水土保持及防风系统等基础设施，制约了单位面积产量和果品质量的提高。

柑橘高效优质生产技术水平低：广西的柑橘种植仍以农户分散经营为主，柑橘标准化生产水平低，只注重产量，不重视果品质量，导致生产出来的柑橘果品质量较差，卖价低，效益不高。

果品质量安全存在一些问题：如存在农药残留超标现象等。

（六）柑橘流通及采后处理设施的建设有待加强

广西基本上没有大型的专业柑橘交易中心（市场）；柑橘产量95%以上用于鲜销，洗果、打蜡、分级、包装等采后商品化处理有待加强；贮藏冷库及鲜果物流等设备设施的建设滞后；同时果实药用功能、果园的观光旅游功能等也有待开发。

（七）柑果营销体系有待完善，柑橘品牌战略实施滞后

柑橘销售体系未建立好，没有建立好自己的销售队伍、销售网络和成熟的销售市场，同时销售方式单一，目前广西80%以上的柑橘种植户依然还保持着等待收购商上门收购的方式，主动

销售能力不强；广西柑橘品牌建设严重滞后，虽然广西有十多个品牌在国内、区内享有一定的知名度，如"富川脐橙""阳朔金柑""荔浦沙糖橘""武鸣沃柑"等，但在国内品牌价值不高，目前还没有成为国内著名柑橘品牌。

四、广西柑橘产业发展建议

（一）控制柑橘产业发展规模

柑橘产业要理性发展，要适度控制发展规模。改变发展思路，从追求产量向追求质量根本性转变，引导果农控制柑橘面积，提高绿色栽培技术，提高果品品质，做强做大广西柑橘产业。

（二）加强柑橘新品种选育，调整优化品种结构和区域布局

加快选育具有自主知识产权的柑橘新品种，加强柑橘新品种引进和筛选，进一步优化品种结构调整，发展早熟、晚熟、优质柑橘品种，使广西柑橘逐步形成"一早一晚中间优"的品种结构布局，早熟：中熟：晚熟的比例为1：3.5：5.5，实现周年供应；避免单一品种面积过大和集中上市，降低滞销风险；同时加快优势区域布局的研究与调整，适地适栽；对新品种引种推广要做到先经过引种观察、脱毒、区试等程序，然后再推广种植，切忌盲目跟风，无序种植。

（三）加强柑橘黄龙病等重大病虫害综合治理

柑橘黄龙病依然是广西柑橘产业发展的瓶颈和关键问题。虽然，"十二五"及"十三五"期间，广西柑橘黄龙病的防控在区党委、区人民政府及区农业农村厅等有关部门的领导、关心和支持下，取得较好的成绩，在全国处于领先地位，但柑橘黄龙病的

防控形势依然非常严峻，一些地方的政府、行政主管部门开始不重视，部分领导、干部、技术人员及果农亦有麻痹思想。柑橘黄龙病综合防控主要有三大技术措施：一是种植柑橘无病毒苗木，二是防治柑橘木虱，三是及时清理病树。同时，要重视柑橘溃疡病、柑橘小实蝇的防控。

（四）扩大柑橘无病毒苗木繁育数量，加大容器苗种植的推广力度

建立和完善广西柑橘无病毒苗木繁育体系，加大柑橘无病毒苗木繁育数量，满足柑橘产业发展需求；柑橘无病毒容器苗具有苗木质量好、根系发达、一年四季都可种植、成活率高、定植后生长快、提早投产等优点，加大其推广种植力度；同时提倡种植2年生容器大苗，有利于柑橘黄龙病综合防控，提高柑橘种植效益。

（五）全面推进标准果园建设，提高柑橘果品质量安全水平

通过简约修剪、省力化栽培、水肥一体化施用、农药化肥减施等节本增效技术的研究与推广应用，降低生产成本，解决农村劳动力日益短缺问题；全面推进标准果园建设，提高柑橘果品质量安全水平，实现柑橘标准化生产和全程质量监控，促进柑橘业健康发展。

（六）加快柑橘流通及采后处理设施的建设

引导和支持在主产区建立大型的专业柑橘交易中心（市场）；建立采后处理包装厂，加大柑橘商品化处理和高效安全冷库贮藏能力建设，充分发挥采后加工业的带动和辐射功能；加大鲜果物流体系建设的引导和支持，研究建立柑橘市场监测预警系统和信息体系，促进广西柑橘产前、产中、产后有效对接。

（七）加强果品营销，加快实施柑橘品牌战略

营销体系的建设关系农业产业化产品价值的最终实现，在产

业化工程中占有重要地位。坚持国内市场与国际市场相结合，建立健全龙头企业、营销大户、冷库业主、专业合作社、果品经纪人良性互动的五级销售网络，与多家大中型超市和专业市场建立长期供货关系。建设区域性农产品配送中心，在国内各主要大中城市建立销售网点，并向各大超市配货。充分利用"互联网+柑橘产业"模式，搞好市场营销。从传统的销售模式转为"以用户为中心，以电子商务为中心"的全渠道体验模式。

加强柑橘商标注册登记工作，整合品牌资源，搞好品牌产品的策划和宣传，支持做大做强广西柑橘名优品牌（富川脐橙、武鸣沃柑、桂林沙糖橘、荔浦沙糖橘等）。扶持鼓励开展柑橘产品产地、品质、管理和环境认证，加强原产地产品品牌保护，抓好公用品牌和商业品牌建设，以品牌建设促进产品流通，通过品牌提升果品效益，改变"一流的果品，二流的产品，三流的商品"局面，实现一流果品变成一流的产品和一流的商品。

（八）加强人才队伍建设，实现柑橘产业发展后继有人

广西柑橘产业规模已居全国第一，支撑如此庞大的产业需要科技创新驱动，需要大量的技术人员。下一步必须加强人才队伍建设，首先要增加柑橘科技研发人才数量，培养出国内顶尖柑橘科技研发团队和专家，同时要加强技术推广人才和年轻人才的培养，还要加大柑橘产业投资人和果农的培训力度，使他们熟练掌握柑橘生产新技术，确保广西柑橘产业健康可持续发展。

第二章　柑橘的繁殖方法

第一节　实生繁殖

实生繁殖是利用种子繁殖苗木的方法。实生繁殖是原始的繁殖方法，具有种子来源丰富、方法简便、成本较低、适于大量育苗等特点，至今仍是一种重要的繁殖方法。柑橘实生苗具有培养容易、成本低廉、根系发达、生长健壮、适应性强等优点，并且多数柑橘品种种子具有多胚性、无性胚苗变异性小的特点，有利于风土驯化（图2-1，图2-2）。但实生苗的植株高大、童期长、

图2-1　金柑实生繁殖育苗

图2-2　金柑实生苗结果树

结果迟、早期刺长、管理困难，因此除培育砧木苗及培育新品种外，目前柑橘生产上采用实生繁殖育苗的已不多用，但广西的金柑仍有部分用种子繁殖苗木。

第二节　嫁接繁殖

嫁接繁殖是将母本树的枝或芽接到砧木上使其结合形成新植株的一种无性繁殖方法。嫁接繁殖能保持栽培品种的优良特性；可经济利用接穗，大量培育苗木；利用砧木增强果树的抗性、适应性及调节树势；能提早幼树结果年龄；对无核或少核品种，也可以通过嫁接进行繁殖等。由于嫁接繁殖有很多优点，所以是目前柑橘生产中最常用的繁殖方法（图2-3至图2-8）。

图2-3　柑橘秋季小芽腹接

图2-4　柑橘春季切接

图2-5　柑橘简易平顶网棚地栽苗

图2-6　柑橘钢架大棚地栽苗

图2-7　柑橘钢架大棚容器苗-1

图2-8　柑橘钢架大棚容器苗-2

一、嫁接繁殖常用术语解释

1. 接穗

　　嫁接时接于砧木上的枝或芽称接穗（图2-9）。嫁接成活后，由接穗形成果树树冠，是直接生产果品的部分。柑橘接穗必须采自无病毒采穗圃或者无病毒母本园的母树。

图2-9　柑橘无病毒接穗

2. 砧木

嫁接繁殖时承受接穗的植株称砧木（图2-10至图2-12）。它为树体发展的根系，起固着、支撑接穗并与接穗愈合后形成植株生长、结果的作用。砧木主要是实生苗，也有扦插苗。高接的砧木包括树干、主枝及根。二重接的砧木包括中间砧和基砧。柑橘嫁接用砧木必须来自无病毒砧木播种圃（图2-13至2-15）。

图2-10　无病毒枳砧木

图2-11　无病毒酸橘砧木

图2-12　无病毒香橙砧木

图2-13　枳种子播种

图2-14　无病毒枳砧木播种圃

图2-15　无病毒酸橘砧木播种圃

3. 形成层

形成层是介于韧皮部与木质部之间的薄层组织细胞，这些细胞都是分生细胞，能分裂形成新细胞。要想嫁接成功，须使砧木和接穗形成层紧密结合，使接穗、砧木生长成为新个体。

二、影响嫁接成活的因素

1. 砧、穗间亲和力的强弱

亲和力是指砧木和接穗在遗传上、生理上的关系，通过嫁接愈合后生长的能力。能进行新陈代谢、生长结果是亲和力强的表现。一般亲缘关系近的亲和力强。不亲和常常表现为嫁接口不愈合或愈合不良，砧木与接穗的接口部分生长不协调，接穗部分未老先衰，叶片黄化，生长缓慢，提早开花或若干年后枯死，产生生理病害及果实发育不正常等。

2. 接穗和砧木的生理及生长状态

嫁接必须在砧木和接穗适宜的生理状态下进行，即在细胞具有高度活动能力时、在枝梢停止生长已木质化时进行，嫁接成活率高；接穗粗壮，砧木生长健壮，无严重病虫害，嫁接成活率高。

3. 嫁接技术

嫁接技术直接影响嫁接的成败（图2-16，图2-17）。如接穗的长削面平而光滑，整个削面是形成层细胞，砧木的切口光滑，恰至形成层，嫁接成活率高，反之成活率低。又如用薄膜捆扎时，砧、穗形成层未对准或捆扎不紧，砧、穗形成层之间留有空隙，薄膜条带捆扎每圈之间留有缝隙，均会导致嫁接失败。另

图2-16　小芽腹接

外，当砧、穗形成层有一点点相连愈合，但未完全愈合；或虽已开始抽梢，但解除薄膜过早，致使已抽梢的接穗死亡；以及腹接法剪砧过早或一次全剪砧等，都会造成嫁接成活率低。

图2-17　切接

4. 气候条件

温度、水分条件的适合与否，是影响嫁接成败的重要因素。满足温度在20～30℃条件下，保持接口湿润，嫁接成活率高。

第三节　扦插繁殖

扦插是将果树部分营养器官插于基质中，促使生根、抽枝，成为新植株的一种无性繁殖方法。可获得与母本遗传性一致的果树苗木或砧木，供果园建立及繁殖嫁接应用。扦插繁殖的苗木育苗周期短，成本低，繁殖材料来源广，便于大量育苗。对于容易扦插生根的品种，多用扦插法培育苗木。对于一般不容易生根的品种，应用生长调节剂处理插条，也能发根成活。但扦插后成苗时间较长，管理上比较费工，根系发育欠佳，抗逆性能较差，故目前生产上一般用得不多。

第四节　压条繁殖

　　压条是将连着母体的枝条压埋土中或包埋于生根介质中，待不定根产生后切离母体，培养成新植株的一种无性繁殖方法（图2-18）。压条繁殖是在生根后才与母体分离的，因而成活可靠，繁殖系数比分株高，但不及扦插；方法简单，繁殖系数较低，圃地中耕、除草困难，适用不宜分株繁殖或扦插发根困难，但能自然压条生根的少数果树。柑橘易生根的种类有柠檬、枸橼、枳，生根较难的有橘、橙、柑、柚，生根极难的有金柑属。过去广西沙田柚等柚类产区在繁育柚苗时曾广泛采用这种方法，但此法对母本树枝条的损失较大，繁殖系数低，而且苗木根系发育、生长势、抗逆性均较差，目前生产上应用较少。

图2-18　压条繁殖

第五节　分株繁殖

分株繁殖是利用母树的根蘖、匍匐茎、吸芽生根后切离母体培育成新植株的无性繁殖方法。分株繁殖简单易行，是一种古老的方法。对于具有丛生性的品种以及在有根蘖发生时，可以利用分株法进行苗木繁殖。但分株繁殖的繁殖系数比扦插、压条等无性繁殖方法低，难以满足现代果树大面积栽培对苗木的需要。

第六节　组织培养繁殖

组织培养繁殖是在人工培养基中，使离体组织细胞培养成为完整植株的繁殖方法。属于微体繁殖的一种，因开始应用的培养容器多是试管，又称试管繁殖或试管育苗。果树的组织培养材料是植株离体材料，称外植体。根据所使用的不同外植体可分为几种培养方式。用顶端分生组织及其下的第1~2个叶原基切离培养的，称茎尖培养；以小段成熟枝条进行培养的称茎段培养；以叶片或叶鞘组织进行培养的，称叶片培养；还有胚培养等。柑橘组织培养繁殖方法在20世纪70年代已有报道，主要是利用柑橘愈伤组织所产生的胚状体和茎芽，经过进一步继代培养，最终形成植株的方法。组织培养为柑橘品种更新和快速繁殖提供了良好的途径。

第三章　柑橘脱毒母本园的建立

第一节　柑橘脱毒技术

对已感染柑橘黄龙病、柑橘裂皮病、柑橘碎叶病、柑橘衰退病以及温州蜜柑萎缩病的原始母树进行脱毒，可采用茎尖微芽嫁接法脱除柑橘黄龙病和柑橘裂皮病，采用热处理+茎尖微芽嫁接法脱除柑橘碎叶病、柑橘衰退病和温州蜜柑萎缩病。

一、茎尖微芽嫁接法

（一）砧木准备

茎尖微芽嫁接前半个月选用枳等砧木种子，剥去种皮，用5.5%次氯酸钠液浸15～20min后，灭菌水洗3次，播于试管内经高压消毒的MS固体培养基上（图3-1），在27℃黑暗条件下培养（图3-2），发出砧木苗后供嫁接用（图3-3）。

（二）茎尖微芽嫁接

茎尖微芽嫁接前先准备好高压消毒的MS液体培养基（图3-4至图3-9）。采田间优良植株上1～2cm长的嫩梢保湿备用（图3-10，图3-11）。

图3-1 将种子播于试管内经高压消毒的MS固体培养基上

图3-2 播种后在27℃黑暗条件下培养

图3-3 培养15天后发出的砧木苗

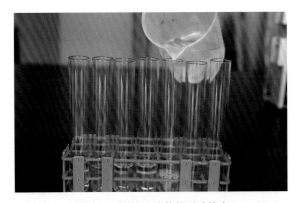

图3-4　分装MS培养基到试管中

图3-5　在试管中放入用滤纸做成的"滤桥"

图3-6　盖好试管塞、成捆包扎

图3-7 外包裹一层纸

图3-8 放入高压锅

图3-9 高压消毒

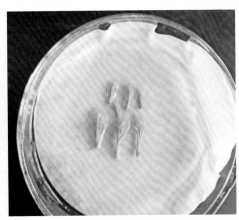

图3-10　采田间优良植株上
　　　　1～2cm长的嫩梢

图3-11　嫩梢保湿备用

　　在无菌条件下从试管中取出砧木，截顶留1.5～2cm茎（图3-12），切去根尖留4～6cm根（图3-13）。在双筒解剖镜下，于砧木中上部削"△"形切口（图3-14），另取准备好的嫩梢用刀将下部叶剥掉（图3-15），切下生长点连带2～3个叶原基的茎尖（图3-16），放入切口（图3-17）。

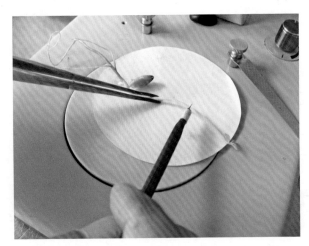

图3-12　在无菌条件下切去砧木上部留1.5～2cm茎

图3-13　切去砧木根尖留4～6cm根

图3-14　在双筒解剖镜下削砧木切口等

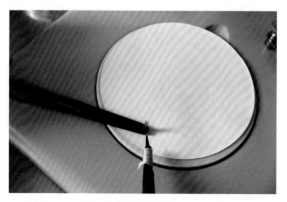

图3-15　另取准备好的嫩梢用刀将下部叶剥掉

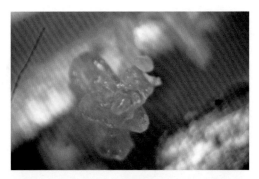

图3-16 切下生长点连带2~3个叶原基的茎尖

图3-17 放入砧木切口

将茎尖嫁接苗放入经高压消毒的液体培养基内（图3-18），置27℃左右的培养室培养，白天开灯增加光照（图3-19）。

图3-18 将茎尖嫁接苗放入经高压消毒的液体培养基内

图3-19　置27℃左右的培养室培养生长

（三）茎尖嫁接苗的再嫁接

试管内茎尖嫁接苗长出2～4张叶片时（图3-20），将茎尖嫁接苗再嫁接于盆栽砧木上（图3-21，图3-22），前期需做好保湿处理（图3-23），在培养室培养以加速生长（图3-24）。

图3-20　试管内茎尖嫁接苗长出2～4张叶片

图3-21 再嫁接于盆栽砧木上

图3-22 再嫁接于砧木上

图3-23 再嫁接后做好保湿处理

图3-24　在培养室培养

二、热处理+茎尖微芽嫁接脱毒法

供脱毒的植株每天在40℃有光照条件下生长16h和在30℃黑暗条件下生长8h（图3-25，图3-26），连续10～60天后采嫩梢进行茎尖微芽嫁接。茎尖微芽嫁接方法同上。

图3-25　将待脱毒植株放入加热设备中

图3-26　设置加热条件为每天40℃有光照16h和30℃黑暗条件下8h

第二节　柑橘病毒病和类似病毒病害鉴定

采用指示植物法鉴定病害，也可采用分子生物学等快速检测方法进行鉴定（图3-27，图3-28）。

图3-27　柑橘病害快速检测　　图3-28　采用PCR方法检测柑橘黄龙病凝胶图

指示植物鉴定需在用40目纱网构建的网室或温室内进行（图3-29，图3-30）。用Etrog香橼的亚利桑那861-S-1选系鉴定裂皮病，用Rusk枳橙鉴定碎叶病，用实生椪柑鉴定黄龙病，用墨西哥来檬或凤凰柚或madam vinous甜橙鉴定衰退病，用白芝麻鉴定温州蜜柑萎缩病。

图3-29 鉴定网室

图3-30 鉴定温室

接种木本指示植物用嫁接法接种（图3-31），包括直接嫁接法和双重芽接法。直接嫁接法指从茎尖嫁接苗取枝条嫁接于指示植物，一般用单芽或枝段腹接，除黄龙病鉴定外，也可用皮接；双重芽接法指在无病砧木上同时嫁接指示植物芽和被鉴定柑橘的芽片或枝段或皮（图3-32至图3-34）。接种草本指示植物用汁液摩擦接种。在每一批鉴定中，鉴定一种病害需设接种标准毒源的指示植物作正对照，设不接种的指示植物作负对照。接种时，在一个品种材料接种后，所用嫁接刀和修枝剪用次氯酸钠液消毒，操作人员用肥皂洗手。

图3-31　指示植物嫁接接种

图3-32　双重芽接法-1

图3-33 双重芽接法-2

图3-34 嫁接接种苗

  裂皮病、碎叶病、衰退病至少需接种5株指示植物，黄龙病和温州蜜柑萎缩病至少需接种10株指示植物。

  裂皮病在Etrog香橼亚利桑那861-S-1选系上适于27～40℃温度条件下发病，发病症状为嫩叶严重向后卷（图3-35）。

  碎叶病在Rusk枳橙上适于18～26℃温度条件下发病，发病症状为叶部黄斑、叶缘缺损（图3-36）。

图3-35 Etrog香橼亚利桑那861-S-1选系带裂皮病症状

图3-36 Rusk 枳橙带碎叶病症状

黄龙病在实生椪柑上适于27～32℃温度条件下发病，发病症状为叶片斑驳型黄化（图3-37）。

衰退病适于18～26℃温度条件下发病，在墨西哥来檬上发病症状为叶片脉明、茎木质部严重陷点（图3-38，图3-39）。衰退病在凤凰柚和madam vinous甜橙上发病症状为茎木质部严重陷点（图3-40至图3-42）。

图3-37 实生椪柑带黄龙病症状

图3-38 墨西哥来檬带衰退病叶片脉明症状

图3-39 墨西哥来檬带衰退病茎陷点症状

图3-40　凤凰柚带衰退病症状

图3-41　凤凰柚带衰退病茎陷点症状

图3-42　madam vinous甜橙带衰退病茎陷点症状

温州蜜柑萎缩病在白芝麻上适于18～26℃温度条件下发病，发病症状为叶部枯斑（图3-43）。

图3-43　白芝麻鉴定温州蜜柑萎缩病

指示植物鉴定观察时，在适宜发病条件下，每3～10天观察一次发病情况，在不易发病的季节，每2～4周观察一次，一般观察到接种后24个月为止。观察期间，如果正对照植株发病而负对照植株未发病，可根据指示植物发病与否判断被鉴定植株是否带病，指示植物中有1株发病，被鉴定的植株即判定为带病。

第三节　柑橘无病毒品种原始材料的保存

经脱毒、鉴定的无病毒品种原始材料需保存在网室内。

保存网室用70目纱网构建（图3-44，图3-45），网室内工具专用，修枝剪在使用于每一植株前用次氯酸钠液消毒。工作人员进入网室工作前，用肥皂洗手；操作时，人手避免与植株伤口接触。

图3-44　柑橘无病毒品种原始材料保存圃外部图-1

图3-45　柑橘无病毒品种原始材料保存圃外部图-2

脱毒品种用盆栽植，每个品种材料在网室保存2～4株，用作柑橘无病毒品种原始材料（图3-46，图3-47）。

保存植株每年春梢萌发前重修剪一次（图3-48至图3-50），每隔5～6年，通过嫁接繁殖更新。每年调查一次保存植株的柑橘黄龙病、衰退病发生情况，每5年鉴定一次柑橘裂皮病、碎叶病和温州蜜柑萎缩病感染情况，发现受感染植株，立即淘汰。

图3-46　柑橘无病毒品种原始材料保存圃内部图-1

图3-47　柑橘无病毒品种原始材料保存圃内部图-2

图3-48　柑橘无病毒品种原始材料重修剪-1

图3-49　柑橘无病毒品种原始材料重修剪-2

图3-50　柑橘无病毒品种原始材料重修剪-3

第四节　柑橘无病毒母本园的建立

用无病毒品种原始材料繁育植株，得到无病毒母本树，将其种植于专用园地建立柑橘无病毒母本园。

柑橘无病毒母本园建立在用70目纱网构建的网室内（图3-51，图3-52）。

图3-51　柑橘无病毒母本园-1

图3-52　柑橘无病毒母本园-2

　　用于柑橘无病毒母本树的常用工具专用，枝剪和刀、锯在使用于每株之前，用次氯酸钠液消毒。工作人员在进入柑橘无病毒母本园工作前，用肥皂洗手；操作时，人手避免与植株伤口接触。

　　每个品种材料的无病毒母本树在无病毒母本园内种植2~6株（图3-53）。

　　每年调查柑橘黄龙病和衰退病；每隔3年，检测一次柑橘裂皮病、碎叶病和温州蜜柑萎缩病感染情况。每年对品种的枝、叶、果实生长特性及形态进行观察（图3-54至图3-57），确定品种是否纯正。

图3-53　柑橘无病毒母本树

图3-54　柑橘无病毒母本树——北京柠檬

图3-55　柑橘无病毒母本树——沙糖橘

图3-56　柑橘无病毒母本树——椪柑

图3-57　柑橘无病毒母本树——脐橙

　　无病毒植株连续结果3年显示其品种固有的园艺学性状，且经病害调查、检测正常的母本树，方可作为无病毒材料繁育采穗用的植株。

第四章 柑橘采穗圃的建立

第一节 选 址

选择环境良好、地势平坦、排灌方便、水电设施配套的场地建立柑橘无病毒采穗圃。

第二节 圃地建设

建立隔离设施，用大棚网室保护，盖50目防虫网，在网室入口处设置缓冲间，大小依地势和品种栽植数量需要而定（图4-1）。

图4-1 采穗圃缓冲间

第三节　采穗树准备

来源于无病毒母本树的接穗。按柑橘无病毒苗木繁育技术规程繁殖合格的采穗树。

第四节　培育与管理

工作人员在生产操作时必须穿戴专用工作服，并使用专用工具。使用配制的适合无病毒柑橘生长的营养土。工作人员必须在消毒室严格按程序进行消毒后方可进入。生产工具及其他设施材料必须经紫外线消毒杀菌或用次氯酸钠溶液进行消毒。工作车辆进入圃内必须严格按程序进行消毒。地面、工作道、设备等定期进行消毒灭菌。营养土等基质材料必须经紫外线、化学药剂或高温等方式消毒杀菌。

采用盆、桶或苗床栽植。单株单盆或苗床栽植。苗床栽植时按每亩栽2 500株左右，并根据品种（单株系）分区分类栽植。每个品种（单株系）根据生产需要栽植（图4-2，图4-3）。

制定安全防疫制度，进入采穗圃的人员、车辆、材料及其他设备等必须严格按程序消毒后方可入内。

根据不同品种（单株系）的生长时期进行肥水管理，保证无病毒柑橘采穗树健康生长。

按照"预防为主、综合防治"的要求进行病虫害防治。

根据采穗树生长情况进行修剪。工具在每个品种（单株系）使用之前，必须用消毒液进行消毒。操作人员用肥皂水洗手，操作时避免人手与植株伤口接触。

　　采穗母树每年进行一次园艺学性状鉴定；隔年进行一次病毒病、类病毒病抽查鉴定。

　　采穗母树按计划每3年进行一次更换。

图4-2　用桶栽植无病毒采穗树

图4-3　苗床栽植无病毒采穗树

第五节　采　穗

首先确定品种、数量、质量要求和采穗时间等，然后根据计划要求，按操作规程使用专用工具进行采穗，每捆100枝，系上标签（图4-4）。

图4-4　接穗挂牌

第六节　包装运输

按品种（单株系）单独包装、系上标签，按客户要求运送（图4-5）。

图4-5 单独包装

第七节 质量控制

采穗树栽植时要分品种（单株系）、砧木种类，登记栽植时间、数量，并编号、挂牌、拍照，绘制位置分布示意图。

记录肥水管理与病虫防治的时间、方法、效果及修剪、采穗、更换营养土等情况，对不同品种的生长物候期进行观测记载。对生产管理、技术人员操作情况记录在案。

记录客户名、联系人、联系方式以及接穗品种、数量、时间、采穗负责人、包装运输方式等。

第五章　柑橘砧木种子园的建立

第一节　选　址

环境良好，适合主要柑橘砧木品种栽培、隔离条件优越的地块。选择地势平坦、向阳、排灌方便、水电设施配套的场地建立柑橘砧木种子园。

第二节　圃地建设

建立网棚隔离设施，在网室入口处设置缓冲间。盖50目防虫网，大小依地势和品种栽植数量需要而定。建立面积合适的工具用房，用于放置工具、肥料、农药等。

第三节　砧木母本树准备

来源于无病毒母本园的砧木品种接穗。按无病毒苗木繁育技术规程繁殖合格的母本树。

第四节　培育与管理

　　工作人员在生产操作时必须穿戴专用工作服，并使用专用工具。工作人员必须在消毒室严格按程序进行消毒后方可进入。生产工具及其他设施材料必须经紫外线消毒杀菌或用次氯酸钠消毒液进行消毒。工作车辆进入圃内必须严格按程序进行消毒。地面、工作道、设备等定期进行消毒灭菌。

　　按100株/亩左右栽植，并根据品种（单株系）分区分类栽植。每个品种（单株系）根据生产需要栽植（图5-1）。

图5-1　砧木种子园

　　制定砧木种子园管理制度，进入种子园的人员、车辆、材料及其他设备等必须严格按程序消毒后方可入内。

　　根据不同品种（单株系）的生长时期进行肥水管理，保证无病毒柑橘砧木种子母树健康生长。

按照"预防为主、综合防治"的要求进行病虫害防治。

根据砧木种子母树生长情况进行管理。工具在每个品种（单株系）使用之前，必须用消毒液进行消毒。操作人员用肥皂水洗手，操作时避免人手与植株伤口接触。

砧木种子母树每年进行一次园艺学性状鉴定；隔年进行一次病毒病、类病毒病抽查鉴定。

第五节　种子采集

确定品种、数量、质量要求和种子采集时间等。根据计划要求，使用专用工具进行种子采集。

第六节　包装运输

每袋25～50kg，按品种（单株系）单独包装、系上标签，在外包装上粘贴品种质量保证卡，按客户要求运送。

第七节　质量控制

砧木种子母树栽植时要分品种（单株系）、砧木种类，登记栽植时间、数量，并编号、挂牌、拍照，绘制位置分布示意图。

记录肥水管理与病虫防治的时间、方法、效果及修剪、种子采集等情况，对不同品种的生长物候期进行观测记载。对生产管理、技术人员操作情况记录在案。

记录客户名、联系人、联系方式以及砧木品种、数量、时间、种子采集负责人、包装运输方式等。

第六章　柑橘容器育苗

第一节　柑橘容器育苗的设施及工具

一、育苗网棚

（一）简易平顶网棚

用热镀锌方形钢管搭建为平顶，一般规格每个长×宽×高=4m×4m×3m，在方形钢管上安装铝合金卡槽，用50目防虫网覆盖，进出网室门口设置缓冲间（图6-1）。

图6-1　简易平顶网棚

（二）简易拱顶网棚

在简易平顶网棚基础上加装拱杆和水槽，其他方法同简易平顶网棚（图6-2）。

图6-2　简易拱顶网棚

（三）遮阳遮雨网棚

在简易拱顶网棚基础上，顶部换为长寿无滴膜避雨，在顶部加装遮阳网系统（图6-3）。

图6-3　遮阳遮雨网棚

二、料场

根据苗圃产能确定料场面积，一般规模控制在1 000～2 000m²。料场主体结构选择半开放式彩钢棚结构或树脂瓦顶钢结构等，料场地面全部硬化，周围部分砌围墙，有利于部分营养土配方材料的避雨码放（图6-4）。

图6-4　料场

三、常用设备

（一）搅拌机

营养土搅拌机常选择建筑用搅拌机（图6-5）。

图6-5　搅拌机

（二）手推车

手推车也是常用设备之一，常用于育苗基质和苗木等的运输（图6-6）。

图6-6　手推车

四、育苗容器

（一）塑料育苗桶

用厚度为0.07cm的硬质塑料制成方形，口边径为11cm，底部边径为8cm，高30cm，底部有2～4个直径1cm的排水孔，侧面有20个以上直径小于0.5cm排水孔的容器（图6-7），桶四周有凹凸槽，利于排水和空气的渗透及苗木根系的生长，每桶育一株移栽的砧木大苗，是比较理想的育苗容器。

图6-7　育苗桶

（二）塑料育苗袋

用厚度为0.04~0.06mm、直径11cm、高30cm的无毒塑料薄膜加工制作而成，靠近底部的侧面需打6个直径为1cm的排水小孔（图6-8）。

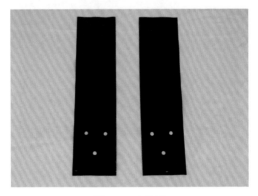

图6-8　育苗袋

（三）无纺布育苗袋

由无纺布材料制成，有底，由于无纺布具有很好的透水透气能力，种植的苗木生长健壮，出苗率较高，但是无纺布经长时间风化后容易强度下降破损，因此应选用加厚型无纺布材料（图6-9）。

图6-9　无纺布育苗袋

五、常用工具

柑橘无病毒苗圃的常用工具需要专用，枝剪和嫁接刀在使用于每个品种材料之前，用1%次氯酸钠溶液消毒。工作人员在进入柑橘无病毒苗圃工作前，用肥皂洗手；操作时，人手避免与植株伤口接触（图6-10）。

图6-10 枝剪消毒

第二节 营养土的配制及装袋

一、营养土的配制

将营养土配料按比例放入搅拌机搅拌均匀以后倒在料场集中堆放，消毒。

常用营养土配方（体积比）方案：

（1）黄心土50%~60%、谷壳20%~30%、草炭土20%~30%；每立方米营养土加钙镁磷肥1~1.5kg（图6-11）。

（2）黄心土50%~60%、谷壳20%~30%、木糠20%~30%；每立方米营养土加钙镁磷肥1~1.5kg（图6-12）。

图6-11 营养土及配制成分-1

图6-12 营养土及配制成分-2

二、营养土的消毒

（一）蒸汽消毒

将配制好的营养土用蒸汽消毒。消毒时间每次大约35min，升温到100℃及以上保持25min。然后将消毒过的营养土堆在堆料房中，待冷却后即可装入育苗容器。

（二）甲醛溶液熏蒸消毒

将配制好的营养土堆码成30cm厚，每隔40~50cm用竹竿凿一个15cm深的圆孔，每孔灌注甲醛溶液2ml，然后覆土盖膜，10~15天后揭膜、翻土，敞放一周后备用。

三、营养土装袋

将配制好的营养土装入育苗容器中，敦实，装满，然后码放（图6-13，图6-14）。

图6-13 装袋

图6-14 整齐码放

第三节 砧木苗的培育

一、选择砧木的标准

优良砧木品种的选用是柑橘优质丰产的基础，砧木不仅影响柑橘的品质和产量，还影响其适应性和抗逆性。不同砧木的抗病性、对土壤环境的适应性以及砧木对接穗园艺性状影响存在差异，砧木也决定着果树未来的成长。

（一）抗生物逆境

1. 对柑橘衰退病的抗性

柑橘衰退病（CTV）是一种单链RNA病毒病，主要通过嫁接和蚜虫传播。砧木的种类与柑橘衰退病为害程度密切相关。酸橙是对CTV敏感的砧木，酸橙砧的甜橙和克里曼丁橘高度感病。枳及其杂种对CTV有抗性，是优良的抗CTV砧木。

2. 对柑橘裂皮病的抗性

柑橘裂皮病是一种由分子量较小的RNA病毒引起的病害，侵染柑橘后导致树干的外皮层纵向开裂，严重影响树势和产量。红橘、酸橙、枳橙、粗柠檬等比较耐病，感染裂皮病后一般无可见病状。而枳对裂皮病高度敏感，感染后树干外皮层纵向开裂，檬檬等感病后也有明显的症状。

3. 对柑橘流胶病的抗性

柑橘流胶病一旦发生，防治比较困难，可使柑橘减产10%～30%。一般来说，大部分的枳都对柑橘流胶病有较强的抗性，酸橙则对流胶病比较敏感。

4. 对根结线虫病的抗性

根结线虫病是一种在世界范围内发生的导致柑橘树势缓慢衰退的病害。根据根结线虫在田间的生长规律发现，枳和枳橙对根结线虫病具有较强抗性；葡萄柚、甜橙和酸橙对根结线虫比较敏感。

（二）耐非生物逆境

1. 耐盐性

土壤盐碱化多发生在干旱、半干旱及沿海滩涂地区。柑橘是一种对盐敏感的植物，低浓度的盐就会影响柑橘的生长和正常生理活动，使柑橘产生明显伤害。砧木是决定柑橘植株耐盐性的重要因素，选择耐盐性强的合适砧木，对柑橘生产非常重要。有研究表明，印度酸橘耐盐性较强，红皮酸橘、枸头橙、枳柚、Rusk枳橙比较耐盐，资阳香橙、汕头酸橘耐盐性为中等，北碚早花枳和莽山野柑对盐非常敏感。

2. 抗寒性

柑橘的抗寒程度与气候条件密切相关。温凉气候条件下，枳和香橙砧柑橘的抗寒性较强，以特洛亚枳橙、酸橙和印度酸橘为砧木的柑橘比较抗寒。温和气候条件下，枳的抗寒性没有充分表达，枳砧柑橘的抗寒性与酸橙和印度酸橘砧的相当，特洛亚枳橙、卡里佐枳橙、萨维吉枳橙、Rusk枳橙、施文格枳柚、丹西红橘、酸橘、萨姆森橘柚、阳光橘柚、台湾酸橙、邓肯葡萄柚和甜橙具有中等抗寒性，兰卜来檬、哥伦比亚甜来檬、墨西哥来檬和粗柠檬则不抗寒。同时还发现砧木的抗寒性与树体年龄有关，一般来说成年树比幼树更为抗寒。

3. 耐旱性

砧木的耐旱性对接穗品种的生长有很大影响，砧木的耐旱性越强，其上部的接穗品种调节渗透压的能力也越强。为了降低干旱对生产栽培带来的损害，抗旱性砧木的选择是最为经济有效的途径。目前，常用砧木中抗旱性较强的主要有粗柠檬、红橘、枳橙、香橙、酸橙、酸橘、酸柚、枳柚等，其共同的特点都为根系发达，主根在土壤中的分布较深，须根分布广而密度大，具有较强的吸收功能。

4. 耐缺素

柑橘树体内矿质元素的丰缺严重影响柑橘正常的生长和结果，而砧木作为树体的地下部分，负责将土壤中的矿质元素吸收并运输至地上部，因此砧木直接影响树体的矿质营养状况。非枳类型的柑橘砧木对缺铁表现出耐或中等耐性，而大部分的枳类型则表现出中等敏感或非常敏感，其中少部分枳杂种如特洛亚枳橙对缺铁表现出非常强的耐性。不同砧木对硼的吸收效率比较，试验发现卡里佐枳橙和红橘对硼的吸收效率最高，枳为中等，而香橙和酸橙对硼的吸收效率最低。

（三）对接穗园艺性状的影响

1. 对接穗生长势的影响

砧木对接穗的生长势有明显影响，并以此划分为乔化砧、矮化砧、半矮化砧。矮化砧、半矮化砧主要用于密植以提高果树的早期产量；乔化砧主要用于生长势较弱的接穗品种，或在比较贫瘠、缺水的土壤上应用，乔化砧往往主根发达，水肥吸收能力强。砧木对树势的影响原因主要有三大解释：第一是激素水平，第二是类病毒导致矮化，第三是基因突变或基因调控。

2. 对接穗品种产量和品质的影响

柑橘选择合适的砧木对其产量和品质也有较大的影响。如甜橙和宽皮柑橘以枳及其杂种作为砧木，能促进柑橘优质、高产，果实品质优良。

二、主要砧木种类及特性

（一）枳

冬季落叶性灌木或灌木状小乔木，根系浅，须根发达，性喜光、温暖环境，喜湿润环境，喜微酸性土壤，中性土壤也可生长良好。

枳本身有大叶、小叶和大花、小花之分，圆形果（光皮）、梨形果（皱皮）之分。小花矮化，大花半矮化，生产上常用大叶小花的枳。

嫁接后常表现：矮化、半矮化，结果早，丰产、稳产，耐寒，抗衰退病、流胶病、脚腐病、根结线虫病，不抗裂皮病、碎叶病，不耐盐碱等特点。

分布于中国山东、河南、山西、陕西、甘肃、安徽、江苏、浙江、湖北、湖南、江西、广东、广西、贵州和云南等省（区）（图6-15）。

图6-15　枳

（二）香橙

树势较强，根系深，寿命长，较耐碱。四川、安徽、江苏作甜橙砧，树势旺，较矮化，果深橙红色，风味浓，微有香气，耐寒、耐旱、品质好，抗流胶病、脚腐病、速衰病，耐湿性较差。四川作柠檬砧，树势旺，进入结果早，产量高。江苏、安徽、湖北作温州蜜柑砧，早期生长慢，后期丰产、品质优，抗寒、抗旱、抗脚腐病。

香橙原产中国。分布于四川、云南、湖北、江苏、浙江、重庆等省（市），有资阳香橙、洪雅香橙、青城山香橙、田坝香橙、蟹橙等品种。传入日本后，报道有红香橙、屋久香橙、四倍体香橙等品种（图6-16）。

图6-16　资阳香橙

（三）酸橘

酸橘是甜橙、蕉柑、椪柑的良好砧木。嫁接后生长壮，根系发达，产量高，果实品质优良。较耐旱、耐涝。苗木初期生长较慢，以后生长迅速，土壤适应性强，抗风力强，较抗脚腐病。酸橘砧温州蜜柑易感青枯病。

主产广东、广西。在广东，酸橘又名软枝酸橘、刺橘、潮汕酸橘、汕头酸橘、广东酸橘。在广西，依据植物枝、叶性状和果实形态特征，将广西酸橘鉴定为红皮酸橘和黄皮酸橘两个品种群，6个品种：大果红皮酸橘、小果红皮酸橘、大果黄皮酸橘、小果黄皮酸橘、灶王橘和宁明橘。红皮酸橘与黄皮酸橘种子形态很易识别，红皮酸橘种子长卵圆形，长嘴，表皮皱褶纹；黄皮酸橘种子粒大而饱满，短倒卵圆形，短嘴，表皮光滑（图6-17）。

图6-17　酸橘

（四）酸柚

酸柚类型比较复杂，果肉有红有白，因此又以"红酸柚"和"白酸柚"予以区分。果型分球形、扁圆形和梨形。

大多数柚类良种嫁接在酸柚砧上亲和性良好，苗期生长迅速，投产稍迟，进入盛果期后丰产稳产性强，对环境的适应性强，是柚类良好的砧木。

　　酸柚花粉多，花粉萌发力强，与沙田柚花期相同，授粉后沙田柚坐果率可明显提高，是沙田柚的主要授粉品种。

　　酸柚是柚类中比较原始的类型，主要分布在广西、广东、四川、湖南、云南等省（区），其他柚产区也有零星分布，大多处于半野生状态（图6-18）。

图6-18　酸柚

（五）红橘

　　树势强健，树冠高大，梢直立；果实扁圆形，中等大，是沙糖橘、蕉柑、甜橙、椪柑的良好砧木，接后早结、丰产、稳产、品质好。抗裂皮病、脚腐病，耐涝、耐瘠薄、耐盐碱。

　　红橘原产我国，主产四川、重庆、福建，又常称川橘、福橘、绿橘，其他产柑橘省（区、市）也有栽培。

　　红橘在我国各地的品种，根据形态特征可分2个组。

1. 红橘组

　　以红橘为代表，分布最广，品种最多（图6-19）。

2. 光橘组

以温州光橘为代表，仅温州、台州有少量栽培。

图6-19　红橘

（六）枳橙

枳橙是枳与甜橙类的属间杂交种，根系发达，半矮化，生长旺、幼苗生长快速，耐寒、耐贫瘠，抗病力强，有的品系抗衰退病、脚腐病、根线虫，不抗裂皮病。作甜橙、宽皮柑橘砧木，表现树势强，生长快，产量高，果实品质好。

主要分布于四川、湖北、浙江、云南等省，品种有长阳枳橙、富民枳橙、黄岩枳橙、永顺枳橙等。从国外引进的枳橙砧木主要有卡里佐枳橙、特洛亚枳橙。

三、主要砧木适合嫁接的栽培品种

主要砧木适合嫁接的栽培品种如表6-1所示。

表6-1　主要砧木适合嫁接的栽培品种列表

砧木名称	适用栽培品种
枳	橘类、温州蜜柑、甜橙、脐橙、夏橙、金柑等
香橙	杂交柑、温州蜜柑、甜橙、柠檬等
酸橘	甜橙、蕉柑、椪柑、沙糖橘、杂交柑等
酸柚	主要作良种柚的砧木
红橘	橙、柑、橘、柠檬等
枳橙	甜橙、温州蜜柑、本地早、椪柑、葡萄柚等

四、砧木种子的采集、运输和贮藏

在大量培育柑橘嫁接苗的情况下，需要大规模地采集、调运和贮藏砧木种子。柑橘砧木种子不耐贮藏，处理不当极易发生干缩、霉烂，丧失发芽力，造成生产上的损失。

（一）砧木种子的采集

柑橘砧木母本树需品种纯正、无病毒病、生长健壮，适应栽培地区环境条件。供采种用的果实，通常应在充分成熟后采收。采种地区，如有大果实蝇为害，要注意防止蝇蛹或幼虫随种子带入。如果采集时尚未充分成熟，可以采嫩果取种洗净后立即播种，也可全果贮放一段时间，让种子进行后熟。一般可在9—11月采集酸柚种子，柚类种子在开花后130天时已具备发芽能力。因此也可在9月上中旬采青果，取嫩种子直接播种育苗；枳可以两次采种，第一次在7月上旬，这时的嫩种子发芽率可达90%以上，第二次是在9—10月果实转黄以后，此时种子已发育成熟，积累了充足的养分，发芽率更高，可达90%～98%。种子剥出后，应立即清除皮屑、果肉残渣及破损种粒，并用清水充分淘洗，淘洗时不要挤压，以防造成种皮破损，直到种皮所附黏汁洗净后，取出种子摊放于阴凉通风处阴干，至种皮发白时为宜。种子在剥出和淘洗后，均不要堆积过厚，更不能用太阳暴晒。经过淘洗并阴干至种皮发白的种子，即可装运。

（二）砧木种子的运输

包装可用纸箱、麻袋或编织袋等透气材料，不宜采用塑料袋等密不透气的材料，每包大小以装种子25～50kg为宜。

长途运输中，包装箱、袋不能堆放过密过厚，不要堆放在发热的地方。要经常检查，遇有发热现象时，应立即翻动散热，再行堆码。转运中要快装快运，不可积压起来，久不转运，造成损失。

（三）砧木种子的贮藏

种子运到目的地后，要立即开箱、袋检查，把种子摊开，选阴凉而不过分通风的室内短期贮藏或尽快播种。柑橘砧木种子最常用的贮藏方式是用河沙层积贮藏。用经暴晒杀菌的河沙，渗入干河沙重1～1.5倍的水拌匀，河沙的湿度以手捏湿润成团，松手后又能散开为宜。若手捏成团，松手后碎裂几块，表明含水量稍高，用于贮藏容易烂种。室内贮藏种子，要选择阴凉背风处，首先在最下面垫一层至少5cm厚的湿河沙，然后一层种子，一层河沙，分层贮藏，每层种子的厚度不超过15cm，堆放高度以40cm左右为宜，最上层盖5～10cm厚的湿河沙，并覆盖塑料薄膜保湿。一般用沙量是种子量的3～4倍。贮藏期间要防鼠害，保持5～7℃低温。以后每隔半月左右将种子翻动，检查种子是否霉变和沙的含水量，并根据要求调节湿度。如种子有霉变迹象，应立即进行杀菌处理，并换新河沙贮藏。

过分干燥的种子会降低发芽率，而且会生长出较多的白化苗。有条件时，可将种子装入塑料袋，贮放于冰箱或冷库，保持

3～5℃的温度和70%的湿度。

五、砧木种子生活力的测定

砧木种子播种前应测定生活力，以确定用种量。常用的测定方法有三种。

方法一：直接测定法

取一定数量的种子，剥去内外种皮或切去种子一端的种皮，用0.1%高锰酸钾溶液消毒后用清水冲洗2～3次，置于有双层湿润滤纸的容器内，在25～30℃温度条件下，数日内种子发芽后，清点发芽数，计算种子发芽率。

方法二：靛蓝胭脂红染色法

用清水浸泡种子24h，剥去种皮后浸于0.1%～0.2%的靛蓝胭脂红溶液中，常温下3h后观察，完全着色或胚部着色的是失去生活力的种子，计算种子发芽率（图6-20）。

清水浸泡24h+0.1%～0.2%
靛蓝胭脂红浸泡3h——枳壳种子

图6-20　靛蓝胭脂红染色法

方法三：TTC染色法

种子纵切成两半，切面向下置于1%的2，3，5-氯化三苯基四氮唑（TTC）液中，24h后，凡变为粉红色的种子具有生活力，计算种子发芽率（图6-21）。

1%TTC处理24h——
枳壳种子

图6-21　TTC染色法

六、砧木种子的播种

砧木种子要求来源清楚，无检疫性病虫害，饱满、健康，有活力（图6-22至图6-26）。

图6-22　枳种子

图6-23　资阳香橙种子

图6-24　酸橘种子

图6-25　三湖红橘种子

图6-26　酸柚种子

（一）砧木种子的播种量

砧木种子的播种量受品种、种子大小、播种方法的影响（表6-2）。

表6-2　常用砧木种子撒播用种量

品种	种子粒数（kg）	种子撒播用量（kg/亩）
枳	5 200～7 000	100～150
香橙	7 000～8 000	75～90
酸橘	7 000～8 000	75～120
酸柚	4 000～5 000	80～100

（二）砧木种子的热处理

播种前，将砧木种子用35℃温水预热处理10～15min，再在55℃的恒温热水中处理50min，捞出用70%甲基硫菌灵可湿性粉剂1 000倍液浸泡10min，然后取出即可播种（图6-27）。

图6-27　55℃热处理50min

（三）砧木种子的播种

1. 苗床的准备

砧木播种圃用塑料拱棚，可以选择单畦面小拱棚，或双畦面大拱棚，苗床可用水泥板或水泥砖砌成深20cm、宽1m的畦面，填入营养土育苗。穴盘播种圃为塑料大拱棚，穴盘放置在金属或其他硬质材料做成的架子上，用镀锌电焊网作为沥水架面，经久耐用。

2. 撒播

将热处理过后的种子均匀撒播在准备好的畦面上，种子间的距离1.0cm左右（枳、枳橙等），酸柚等种子的间距1.5～2.0cm，密集的地方用手或小棍调拨均匀，再用木板稍加镇压，使种子陷入土中即可，用1～2cm厚的细沙进行覆盖（图6-28至图6-32）。

图6-28　整苗床

图6-29　苗床播种

图6-30　盖膜增温

图6-31　待移栽的酸柚砧木苗

图6-32　待移栽的枳砧木苗

3. 穴盘播种

可选用由高密度低压聚乙烯经加工注塑而成穴盘，有80个穴孔，穴孔深约15cm，每个穴盘可播80株苗，耐重压、防老化、耐高低温，可以重复使用。使用专用育苗基质，每个穴孔点播1~2粒种子，覆盖1cm厚的覆盖料，注意保持基质的湿度。该方法培育的砧木生长健壮，几乎没有病虫害，可以带土移栽，移栽不伤根，成活率高。相比裸根小苗移栽，酸橘、香橙和酸柚种子穴盘播种移植成活率高（图6-33，图6-34）。

图6-33　穴盘播种

图6-34　待移栽的酸橘砧木苗

4. 砧木种子播种后的管理

播种后随即淋水一次，要淋透覆盖物，使营养土湿润即可，切忌淋水过多造成种子霉烂。以后视土壤干湿情况及时淋水。

要经常检查塑料拱棚内的温度，将棚内温度白天控制在25~30℃，棚内温度超过32℃时，应揭开两端的塑料薄膜通风降温，以免温度过高灼烧幼苗。

幼苗长出3~4片真叶时，便可施用0.5%腐熟麸肥再加入0.2%尿素和0.1%磷酸二氢钾混合液，7~10天施肥1次。幼苗长出后，要及时除草，同时应避免伤根，在拔草时，还可将生长衰弱的劣质苗和病苗拔除。

注意防治立枯病、炭疽病、潜叶蛾、凤蝶等病虫害。

七、砧木小苗的移栽管理

砧木小苗高10~15cm时即可移栽，移栽前需对砧木播种圃充分淋水，以便于起苗，同时也可减少对根系的损伤。苗床播种圃砧木起苗时做到轻拔、轻挖、轻放。剔除病苗、黄化苗、弱苗、根弯曲苗，余下的健壮苗分大小两级，分别捆扎成小把，如需长途运输，每100株扎成1把，根部留5~7cm，其余部分剪掉，用黄泥浆浆根。穴盘砧木起苗时需用竹签或其他起苗工具将砧木小苗从穴孔中带土取出。

常用移栽器或竹签进行移栽。已完成装袋的育苗容器，移栽时将移栽器或竹签插入营养土中，向前后轻推造成一缝隙，然后将幼苗放入，使根系伸展，扶直苗干，再向缝隙中填入细土，压实即可。或者一手扶苗，一手向育苗容器中添加营养土，种植深度应在砧木小苗根茎交界处距离育苗容器口1~2cm，营养土须装实装满，砧木小苗须种到育苗容器中间，并保持根的伸展状态。移栽苗种好后，要淋足定根水（图6-35，图6-36）。

图6-35　浆根

图6-36　定植酸橘砧木

移栽后及时淋水保湿，栽后1周即可检查成活率并及时补苗。移栽砧木小苗新根开始生长时，便可施0.2%～0.3%复合肥或腐熟麸肥等水肥，每月2～3次。注意防治立枯病、炭疽病、潜叶蛾、凤蝶、红蜘蛛等病虫害。

第四节　嫁接苗的培育

一、嫁接成活的原理

果树生长部位主要有三个：一是根尖，使根向地下生长；二是茎尖，使茎向空中生长；三是形成层，形成层是韧皮部与木质部之间的薄壁细胞组织，这些细胞具有很强的分生能力，不断地进行分裂，向外形成韧皮部，向内形成木质部，引起果树的加粗生长。

在嫁接时切削枝条形成伤口，可刺激伤口处形成层产生创伤激素，使形成层细胞加速分裂，形成一团疏松的白色细胞。这是一团没有分化的球形薄壁细胞团，叫愈伤组织。观察伤口的变化，可以看到开始2～3天，由于切削表面的细胞被破坏或死亡，因而形成一层薄薄的浅褐色隔膜；嫁接后4～5天，褐色层才逐渐消失；7天后从形成层处产生少量愈伤组织；10天后接穗愈伤组织可达到最高量。但是，如果砧木未产生愈伤组织相接应，那么接穗的愈伤组织就会因养分耗尽而逐渐萎缩死亡。砧木愈伤组织应在嫁接10天后生长加快，由于根系能不断供应营养和水分，因此砧木形成层处形成愈伤组织的数量要比接穗多得多。

嫁接时，双方接触处总会有空隙，但是愈伤组织可以把空隙填满，当砧木和接穗的愈伤组织连接后，双方细胞之间有胞间连丝联系，使水分和营养物质互相沟通。此后双方共同分化出新的形成层，形成连通的导管和筛管。这样，砧木的根系和接穗的枝芽便生长成新的植株。

从以上原理可以看出，无论采用什么嫁接方法，都必须使砧木和接穗的形成层互相接触。双方接触面越大、接触越紧密，嫁接成活率就越高。但是更重要的是要使双方愈伤组织能大量形成。因此，嫁接成活的关键是砧木和接穗能长出足够的愈伤组织，并紧密接合。

二、影响嫁接成活的因素

（一）砧穗亲和力

砧木和接穗两者亲和力强弱是影响嫁接成功与否的首要因素。砧穗亲和力是指砧木和接穗在遗传、生理上的关系，通过嫁接后愈合生长的能力。一般来说，砧木与接穗的亲缘关系越近，亲和力就越强，嫁接就容易成活。嫁接后若表现出接口不愈合或不容易愈合、砧穗生长不协调、树体衰弱、枝叶黄化、早结果后树体迅速衰退等现象，都是砧穗不亲和的表现。

（二）砧穗的质量和生长状态

砧木和接穗的生活力、木质化程度等也是影响嫁接成活率的重要因素之一。生长旺盛而健壮的砧木和接穗，其愈伤组织分生亦较旺盛，嫁接容易成活。充分成熟的接穗积累的有机营养物质较多，有利于接口愈合和接芽萌发。在砧穗适宜的生理状态下，即组织细胞具有高度活动能力的时期嫁接，则成活率高，在休眠期嫁接，成活率低。

（三）环境条件

环境条件对嫁接成活的影响，主要表现在对愈伤组织的形成和发育速度上。凡是影响愈伤组织形成的环境因素都会影响嫁接的成活。适宜的温度及湿度是形成愈伤组织的必需条件。温度太低或太高，都不利于细胞分裂与愈伤组织的形成。光照条件也是形成愈伤组织不可少的条件，在黑暗条件下能促进愈伤组织生长，但绿枝嫁接，适度的光照则能促进同化产物的生成，有利于加速伤口愈合。

1. 温度

温度是影响嫁接成败的重要因素。气温为20～30℃时，形成层细胞分裂旺盛，有利于伤口愈合，低于12℃或高于36℃，细胞分裂活动受到抑制或处于停滞状态，嫁接成活率低。

2. 湿度

包括砧穗湿度、大气湿度和土壤湿度。湿度合适柑橘嫁接后容易成活。如果砧木和接穗自身含水量较低，就应提前浇灌，以保持应有的湿度。嫁接时的空气湿度适宜，在切层表面能保持一层水膜，对愈伤组织有促进作用。嫁接时空气湿度若过于干燥就要人为创造条件，如提前喷水或用湿布包裹覆盖接穗，也可用塑料膜扎紧伤口，用湿润土壤对嫁接面进行捂培等。

3. 大风

嫁接时遇到大风，易使砧木和接穗创伤面水分过度散失，影响愈合，降低成活率。当新梢长到30cm左右时，要贴近砧木立1～1.5m高的支柱，将新梢绑在支柱上，防止大风吹折新梢。

（四）嫁接技术

嫁接是一项技术性很强的工作，嫁接技术水平和熟练程度，直接影响柑橘嫁接的成功率。嫁接技术水平，主要体现在以下几个方面。

（1）削取单芽时，其长削面恰好削至形成层，削面平整光滑。

（2）砧木切口也恰好切至形成层；嵌芽时两者的形成层贴合在一起。

（3）捆扎应松紧适度，严密性好，不移动接穗和砧木的最佳贴合状态。

（4）以最快的速度完成削芽、切砧、嵌芽、捆扎等全部工序，减少伤口在空气中的暴露时间。

嫁接技术好，则嫁接的成活率高，反之，即使砧穗的亲和性良好但嫁接技术达不到要求，也会导致成活率降低或嫁接失败。

三、接穗的采集、运输和贮藏

（一）接穗的采集

采集接穗的母树应该是具有该品种固有特性、品质优良、丰产稳产的无病毒母本树，或从专用的采穗圃采集接穗，以保证品种纯度和接穗质量。

柑橘的春、夏、秋梢均可作接穗，但以春、秋梢为好。每枝以上中段的芽发育最充实，基部2~3芽和过嫩的顶芽不用。春、秋季嫁接采发育充实的秋、春梢；夏季嫁接采当年发育充实的春梢。

选树冠外围中上部芽苞饱满、叶片完整、无病虫、生长充实的壮枝作接穗。凡树冠下部背阴枝、内膛细弱枝、徒长枝、落花落果枝均不宜作接穗，因其养分不足，接后成活率低、萌发力弱。

接穗采后，应剪去叶片，保留叶柄，每100枝扎成一捆，用湿纸巾或湿毛巾等保湿材料包裹，放入薄膜袋内或沙藏暂时保存（图6-37）。

图6-37　柑橘接穗

（二）接穗的运输

外运的接穗要悬挂标签，注明品种、来源和采集日期，接穗需远距离运输时，可用湿润草纸或湿润毛巾等保湿材料包裹接穗，外层用有透气孔的塑料薄膜包扎，装入硬纸箱中，然后进行快递包裹邮寄或快件托运，运输途中应避免日晒雨淋。尽快地将接穗运到目的地，尽快地进行嫁接，以保证接穗的新鲜度和提高嫁接的成活率。

（三）接穗的贮藏

如果接穗需较长时间存放，用经暴晒杀菌的河沙，渗入干河沙重1~1.5倍的水拌匀，河沙的湿度以手捏湿润成团，松手后又能散开为宜。若手捏成团，松手后碎裂几块，表明含水量稍高，用于贮藏容易发霉。室内贮藏接穗，首选空调房，夏、秋季将温度调节在25~26℃，冬天不需要开启空调。首先在最下面垫一层至少5cm厚的湿河沙，然后一层接穗，一层河沙，分层贮藏，最上层盖5~10cm厚的湿河沙。以后每隔半月左右将接穗翻动，检查接穗是否霉变和沙的含水量，并根据要求调节湿度。如接穗有霉变迹象，应立即进行清除处理，并换新河沙贮藏。也可以在冷库中贮藏，将接穗放入带活动封口的塑料薄膜样品袋中，温度控制在7~11℃，相对湿度90%左右。

四、嫁接前的准备

（一）砧木准备

当砧木的主干直径在0.5cm以上即可以嫁接，嫁接前应除去育苗容器中的杂草，将砧木苗离育苗容器口10~15cm内的针刺、分枝剪除，淋水保持湿润（图6-38）。

（二）嫁接工具准备

嫁接前要准备好嫁接工具，常用工具包括嫁接刀、枝剪、磨刀石和嫁接膜、湿毛巾、保温箱、冰袋等（图6-39）。

图6-38　可嫁接的香橙砧木

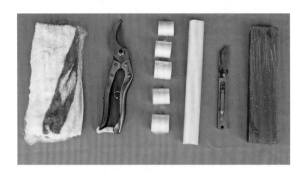

图6-39　常用嫁接工具

五、嫁接方法

柑橘苗嫁接的常用方法主要有小芽腹接法和切接法两种。

方法一：小芽腹接法

1. 接穗削取法

一种方法是：用左手持接穗，将待削芽背面平放在左手食指上，芽正面向上，从芽眼上方约0.7cm处往芽眼下方平削一刀，微带木质部，到芽眼下方0.7~1.0cm处斜削一刀，形成一个盾形的芽片（图6-40，图6-41）。

另一种方法是：用左手持接穗，将待削芽背面放在手掌上，将刀放平，从芽眼上方约0.7cm处往芽眼下方平削一刀，微带木质部，到芽眼下方0.7～1.0cm处斜削一刀，形成一个盾形的芽片（图6-42，图6-43）。

图6-40　削芽-1

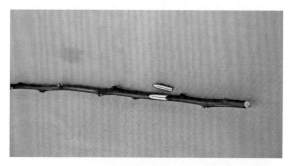

图6-41　削好的芽片

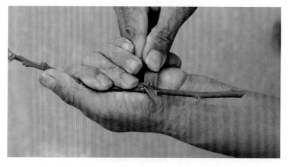

图6-42　削芽-2

图6-43　削芽-3

2. 砧木切口

在砧木距离育苗容器口10～15cm处，选直径0.5cm以上光滑平直的部位，从上往下纵切一刀，削至形成层为准，削面平直光滑，其长度稍长于接芽，再将削开的皮层切去1/2～2/3（图6-44，图6-45）。

图6-44　砧木开口

图6-45　开口的砧木

3. 嵌芽和捆扎

将削好的接芽嵌入砧木切口内，并将接芽下端削口抵紧砧木切口底部，并将砧木和接芽的形成层对齐。嵌芽后用嫁接膜从下往上紧密捆扎，捆扎时不使接芽移动。夏季、秋季腹接应不露芽捆扎（图6-46，图6-47）。

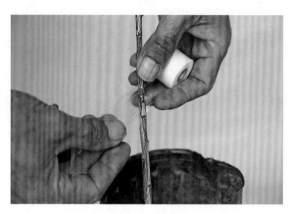

图6-46　捆扎

图6-47　完成捆扎

小芽腹接的特点是嫁接成活率高，一次未接活的，可以补接，操作简便，技术容易掌握（图6-48）。

图6-48　香橙小芽腹接

方法二：切接法

单芽切接主要在春季进行，在气温稳定上升到15℃以上时嫁接成活率高。其特点是发芽快，发芽整齐，苗木生长健壮，由于剪除了砧木上半节，操作更方便。但切接法嫁接时间短，一般只在春季嫁接时采用。

1. 削接穗

用左手持接穗，将待削芽的背面平放在左手食指上，在离芽眼下方1.5cm处以45°角向外斜切去枝段下部，所削成的这一削面称短削面。再翻转枝条，从芽基部起平削一刀，削穿皮层，微伤木质部，削面呈现黄白色的形成层，这一削面称长削面。最后在芽的上方约0.2cm处斜削一刀削断接穗（图6-49，图6-50）。

2. 砧木切口

在砧木距离育苗容器口10～15cm处，由高向低朝苗干平直的一侧倾斜剪去砧木上部，剪口成45°角，再在倾斜面低的一方，对准皮层和木质部交界处，向下纵切一刀即可（图6-51，图6-52）。

图6-49　削芽

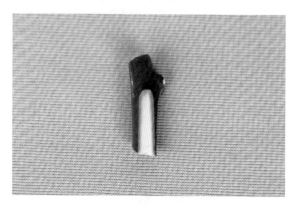

图6-50　削好的单芽

图6-51　剪断砧木

图6-52　削切砧木

3. 嵌芽

将接穗插入砧木切口内，接穗的上部应微露一点在砧桩上面。如接穗与砧木切面的大小不一，须将两者的形成层一侧对准贴紧（图6-53）。

图6-53　嵌芽

4. 捆扎

把专用嫁接膜剪成宽1cm的圆筒状小块。先用嫁接膜捆扎好砧桩顶部，不能移动接芽，再用嫁接膜从上到下将接口全部捆扎好，露出接芽，最后打个结（图6-54，图6-55）。

图6-54　捆扎　　　　　　　　图6-55　完成捆扎

六、嫁接苗的管理

（一）检查成活、补接、解除嫁接膜

一般春季嫁接后15～30天，夏季嫁接后7～10天，秋季嫁接后7～10天可检查成活情况。检查时见接芽仍保持绿色，说明接芽已成活。如果接芽枯萎变色，则未接活，应及时用同一品种接穗进行补接。

秋季嫁接的在春季接芽开始萌动前，应解除嫁接膜；夏季嫁接的在嫁接后15～20天解除嫁接膜；春季嫁接的待第一次新梢木质化后，从嫁接口背面纵划一刀解除嫁接膜。

（二）剪砧、弯砧

秋季嫁接的应在翌年3月将成活株芽上方1cm以上的砧木剪除。夏季嫁接的在嫁接7～10天后在嫁接口上方3～5cm处将成活芽砧木扭伤，拉弯，绑缚在嫁接口以下部位，使接芽处于相对顶端优势地位，可促进接芽萌发，增加萌芽后的生长量；在新梢老熟后，从接口处把砧桩全部剪除，剪口应向接口后方倾斜。

（三）除萌、摘心、定干、整形

对砧木上抽生的萌芽，应及时除去，以免消耗营养，影响接芽生长。一般可每10天左右检查1次，并用枝剪或嫁接刀从萌蘖基部削除，切不可用手抹除，否则会损伤树皮或刺激萌发更多的萌蘖。

当嫁接苗高度长到20～30cm时，要进行第一次摘心定干。摘心后可促发侧枝，降低分枝高度。

定干后抽生的分枝，在主干不同方向均匀留3～4个健壮分枝培养，其余的抹去（图6-56，图6-57）。

图6-56　除萌定干

图6-57　剪顶放梢

（四）肥水管理和除草

因容器苗的营养土疏松透气、排水能力强，对肥水要求高。春芽萌发前至8月下旬，每15～20天淋一次水肥（不超过0.5%的复合肥、尿素、麸水等）。旱时及时灌水，涝时及时排水。及时除去育苗容器中的杂草，减少养分损耗。

（五）苗木出圃

出圃时间按定植时间而定。要求出圃前采样进行检测，每1 000株苗木采一个样进行黄龙病、溃疡病等检疫性病虫害的检测，没有检疫性病虫害才能出圃。

苗木出圃前应充分淋水，便于长途运输和定植。出圃前应喷一次杀菌剂，避免长途运输感染病菌。开具出圃证明，要求标明品种、砧木、出圃日期、去向等，应有专门记载，入档保存，防止品种混杂，把育苗容器一起运往定植地点（图6-58至图6-60）。

图6-58　出圃容器苗根系发达

图6-59　可出圃苗木

图6-60　生长健壮、叶色浓绿

七、苗圃主要病虫害的防治

（一）苗圃主要病害

1. 柑橘苗木立枯病

苗木立枯病又叫幼苗猝倒病，我国各地的苗圃普遍发生，幼苗死亡率很高。

【发病症状】

在田间可出现3种症状类型。

病苗靠近土表的基部先出现水渍状斑，随后病斑扩大，多油点，缢缩，褐色腐烂，叶片凋萎不脱落，形成青枯病株，这是典型症状（图6-61）。

幼苗顶部叶片染病，产生圆形或不定形淡褐色病斑，并迅速蔓延，叶片枯死，形成枯顶病株（图6-62）。

感染刚出土或尚未出土的幼芽，使病芽在土中变褐腐烂，形成芽腐。

图6-61　青枯病株

图6-62　枯顶病株

【防治方法】

（1）选好圃地

用新垦山地或平地育苗，苗圃不连作，土中病菌少.苗木发病轻。若无新垦山地或平地，可采用轮作方法育苗。地下水位过高或排水不良的地方不要用作苗圃。若在排水较差的圃地育苗，应开好排水沟，适当作高畦，畦面要求平整，避免积水。

（2）药剂防治

幼苗发病后，来势很快，必须立即采取措施。种子热处理催芽以后用70%甲基硫菌灵可湿性粉剂1 000倍液浸泡10min，播种并覆盖完成后用70%甲基硫菌灵可湿性粉剂1 000倍液将苗床淋透。发病期间用30%恶霉灵水剂1 000倍液、80%代森锰锌可湿性粉剂600~800倍液等，用药时采用浇灌法，让药液接触到受损的根茎部位，连用2~3次。

2. 柑橘苗疫病

柑橘苗疫病是苗期的主要病害之一，发病严重时常引起苗木大量死亡。

【发病症状】

该病主要为害柑橘幼苗的嫩叶、顶芽和嫩梢。苗木顶芽或嫩梢感病后，最初出现水渍状小斑点，后变成暗绿色或褐色病斑，天气潮湿时，病斑向四周扩展，直至嫩梢基部，使整条新梢或整株果苗变为褐色而枯死。根部在苗木枯死前无明显腐烂症状（图6-63）。

图6-63　柑橘苗疫病

【防治方法】

及时消灭早期的发病中心，发现少数病苗时，应及时剪除病部，集中烧毁并立即喷施农药1次，以后每隔10～14天再喷1次，共喷2～3次。有效的药剂有：58%瑞毒霉锰锌可湿性粉剂600～800倍液、64%杀毒矾可湿性粉剂500～600倍液、90%乙膦铝可湿性粉剂500倍液、0.5%波尔多液或80%代森锰锌可湿性粉剂600倍液、50%烯酰吗啉可湿性粉剂1 500倍液、25%吡唑醚菌酯乳油2 000倍液、5%啶酰菌胺水分散粒剂1 500倍液。

3. 柑橘炭疽病

柑橘炭疽病可引起叶枯、梢枯。

【发病症状】

该病为害叶片有两种症状类型。

（1）急性型（叶枯型）

症状常从叶尖开始，初为暗绿色，像被热水烫过的样子，后迅速扩展成水渍状波纹大斑块，病、健部交界处不明显，后变为淡黄色或黄褐色，叶卷曲，脱落。病叶腐烂，常造成全株性严重落叶。病部组织枯死，多呈"V"字形斑块，上有朱红色带粒性的小粒点（图6-64）。

图6-64 沙糖橘急性炭疽病

（2）慢性型（叶斑型）

症状多出现在成熟叶片的叶尖或叶边缘处，病斑初为黄褐色后变灰白色，边缘褐色，圆形或近圆形，稍凹陷，病、健组织分界明显，后期在病斑上出现黑色小粒点。多雨潮湿天气，病斑上黑粒点中溢出许多红色黏质小液点（图6-65）。

病梢症状有两种：一种是由梢顶逐渐向下枯死，初期病部褐色、枯死部分呈灰白色，上有许多小黑点，病健组织分界明显。另一种是发生在枝梢中部，初为淡褐色，椭圆形，稍凹陷，当病斑环绕枝梢一周时，其上部枝梢很快干枯。

图6-65　炭疽病

【防治方法】

防治柑橘炭疽病应以加强栽培管理，提高树体抗病力为主，辅以喷药保护等措施。

（1）加强栽培管理

搞好冬季清园，加强水肥管理，增强树体抵抗力。

（2）药剂防治

在春、夏、秋梢的嫩梢期各喷1次药，用70%甲基硫菌灵可湿性粉剂800～1 000倍液、25%咪鲜胺乳油800～1 000倍液等。

（二）苗圃主要虫害

1. 柑橘红蜘蛛

柑橘红蜘蛛又称柑橘全爪螨、瘤皮红蜘蛛。

【为害症状】

用刺吸式口器刺吸柑橘的叶片、嫩枝等器官的绿色组织汁液，但以叶片受害最重。叶片被害部位先褪绿，后呈现灰白色斑点，失去原有光泽。在春季抽梢期为害严重（图6-66，图6-67）。

【防治方法】

药剂防治　虫口密度春梢、秋梢期3头/叶，夏梢期5头/叶时喷药防治。春季选用5%噻螨酮乳油2 000～3 000倍液、20%哒螨灵乳油1 500倍液、20%双甲脒乳油2 000倍液。夏季高温选用24%螺螨酯悬浮剂4 000～5 000倍液、99.8%绿颖乳油250倍液。秋梢老熟后选用25%三唑锡乳油1 500倍液、57%炔螨特乳油1 500～2 000倍液，每7～10天1次，连喷2～3次。春芽萌动前清园选用机油乳剂200倍液+73%克螨特（或炔螨特）乳油1 500倍液，99.8%绿颖乳油150倍液+5%阿维菌素乳油8 000倍液或20%甲氰菊酯乳油1 500倍液等。

图6-66　枳叶片受害状　　　　图6-67　甜橙叶片受害状

2. 柑橘凤蝶

凤蝶为柑橘常见害虫，为害严重的主要有柑橘凤蝶、玉带凤蝶和达摩凤蝶3种（图6-68至图6-70）。

图6-68　柑橘凤蝶大龄幼虫

图6-69　柑橘凤蝶低龄幼虫

图6-70　玉带凤蝶成虫

【为害症状】

以幼虫为害柑橘的嫩叶、新梢，常将嫩叶、嫩梢吃光或咬成缺刻，严重影响枝梢的抽发。

【防治方法】

药剂防治　可选药剂有10%吡虫啉可湿性粉剂2 000倍液、48%毒死蜱乳油1 000～1 500倍液、10%氯氰菊酯乳油2 000～3 000倍液、80%敌敌畏乳油800倍液。每种农药喷布都应掌握在幼虫幼龄期进行，才有良好的防治效果。

3. 柑橘潜叶蛾

柑橘潜叶蛾属鳞翅目，橘潜蛾科，俗称绘图虫、鬼画符等，是柑橘新梢期重要害虫之一。

【为害症状】

该虫以幼虫在柑橘嫩梢、嫩叶表皮下钻蛀为害，形成银白色的弯曲隧道。受害叶片卷缩或变硬，易于脱落。一般春梢受害轻，夏、秋梢受害特别严重（图6-71）。

图6-71　柑橘潜叶蛾为害状

【防治方法】

（1）夏、秋梢去零留整，统一放梢

（2）药剂防治

当夏、秋梢抽发1.0cm长时开始喷药，每隔7天1次，连喷2～3次。可选药剂有：25%杀虫双水剂500倍液、25%西维因可湿性粉剂500～1 000倍液、10%吡虫啉乳油1 500倍液等。每隔7～10天喷1次，连续喷2～3次。

4. 斜纹夜蛾

斜纹夜蛾属鳞翅目夜蛾科。该虫食性较广，近年在柑橘苗圃为害严重。

【为害症状】

以幼虫啮食未老熟的新叶，咬成缺刻、孔洞或仅存主脉（图6-72至图6-75）。

图6-72　斜纹夜蛾苗木为害状-1　　　图6-73　斜纹夜蛾苗木为害状-2

图6-74　斜纹夜蛾低龄幼虫　　　图6-75　斜纹夜蛾低龄和高龄幼虫

【防治方法】

（1）生草法

杂草嫩叶是斜纹夜蛾的主要食料，柑橘果园生草可有效减轻斜纹夜蛾的为害。

（2）诱杀、捕捉

使用频振式杀虫灯诱杀，或人工摘除附有卵块叶片和捏死幼虫。

（3）药剂防治

幼虫盛发期叶背、叶面、地面喷药：2.2%甲维盐微乳剂1 500倍液、20%虫酰肼可湿性粉剂1 000～1 500倍液、90%敌百虫晶体1 000倍液等交替使用。

5. 卷叶蛾类

为害柑橘的卷叶蛾类主要有拟小黄卷叶蛾、拟后黄卷叶蛾、褐带长卷叶蛾、白落叶蛾4种（图6-76至图6-78）。

图6-77　卷叶蛾卵

图6-76　卷叶蛾高龄幼虫

图6-78　卷叶蛾成虫

【为害症状】

以幼虫卷叶，幼虫体色呈淡绿至黄绿色，受惊能迅速倒退或跳跃吐丝而逃。成虫多为小型蛾类，白天潜伏，夜间活动，趋光性强。

【防治方法】

（1）农业防治

结合冬季修剪剪除卷叶虫包，集中烧毁，以减少越冬虫口基数。

（2）药剂防治

可选用药剂有：90%敌百虫晶体800～1 000倍液、80%敌敌畏乳油800～1 000倍液、2.5%溴氰菊酯乳油3 000倍液、20%甲氰菊酯乳油3 000倍液、50%辛硫磷乳油1 000～1 500倍液等。

6. 象鼻虫类

象鼻虫，又称象甲、象虫，属鞘翅目象虫科，为害柑橘的象鼻虫类主要有灰象甲（图6-79）、大绿象甲和小绿象甲（图6-80）等。象鼻虫除为害柑橘外，还能为害桃、枣、龙眼、柳、榆等果树和林木，是一种多食性害虫。

图6-79　灰象甲　　　　　　图6-80　小绿象甲

【为害症状】

成虫取食嫩梢叶片和幼果，造成新梢叶片呈缺刻状，影响新梢生长和光合作用，被害幼果伤口凹陷，果肉暴露或果实脱落。

【防治方法】

（1）冬季深翻园土

冬季清园时，深翻园土，将越冬的蛹和幼虫翻出，破坏其生活环境以减少虫源。

（2）人工捕杀

在成虫大量出现期，树下铺塑料薄膜，振动树枝，使其掉落在薄膜上，收集并杀死掉落的成虫。

（3）树干涂黏胶

在3—4月成虫大量上树前，在树干上包扎或涂抹黏胶环，阻止成虫上树，并逐日清除胶环上的虫体，将其集中杀灭。

（4）药剂防治

成虫发生盛期用90%敌百虫晶体1 000倍液或50%辛硫磷乳油800～1 000倍液喷杀，也可在成虫出土期，在地面喷洒50%辛硫磷乳油200倍液，使出土在地面爬行的成虫触药死亡。

第七章　柑橘网室地栽苗的培育

第一节　柑橘苗圃的建立

一、土壤条件

苗圃地要求土壤质地疏松、土层深厚、有机质丰富，透水、透气性良好，pH值在5.5～6.5，以壤土或沙壤土最好。沙土保水、保肥能力差；黏土易板结，通透性较差，不利于根系生长发育。因此，沙土和黏土必须经过土壤改良才能用于育苗。

二、圃地建设

使用40～50目防虫网大棚为隔离条件建立柑橘无病苗圃。

三、整地

清除地面的杂草、垃圾和石块，壤土或沙壤土施沤制好的有机肥1 500～2 000kg/亩和钙镁磷肥100kg/亩，沙土和黏土另施3 000～5 000kg/亩木糠或谷壳改土，浅耕20cm左右，起畦，畦长15～20m，宽1.0～1.5m，高20～25cm，畦与畦之间沟宽40cm，畦面细碎平整，耕耙2～3次备用（图7-1，图7-2）。

图7-1 放基肥改土

图7-2 起畦开沟

第二节 砧木苗的定植及管理

一、砧木的移栽

翌年春季砧木长至10~15cm时，便可移栽。移栽前先喷一次杀菌剂，淋足水分，然后再取苗，尽量减少伤根。定植前把病苗、黄化苗、弱苗、根弯曲的苗剔除，根长度保留5～7cm，其余部分剪掉。砧木种植前用黄泥浆浆根（图7-3）。枳一般种植2.5万～3万株/亩，酸柚一般种植2万株/亩左右，开沟将小苗垂直种下，保持须根舒展的状态，轻轻压紧，淋足定根水（图7-4）。

图7-3　浆根

图7-4　砧木移栽淋定根水

二、肥水管理

刚种植的砧木每天淋1次水，连续1周。砧木开始长出新叶后，即可淋0.4%～0.5%复合肥液或淡薄的麸水，每月淋1次水肥，同时及时除草和理沟培土。当砧木主干直径大于0.5cm时，即可嫁接。

第三节　嫁接苗的培育

一、嫁接方法

同第六章第四节。

二、嫁接苗的管理

（一）检查成活、补接、解除嫁接膜

一般春季嫁接后15～30天，夏季嫁接后7～10天，秋季嫁接后7～10天可检查成活情况。检查时见接芽仍保持绿色，说明接芽已成活。如果接芽枯萎变色，则未接活，应及时用同一品种接穗进行补接。

秋季嫁接在春季接芽开始萌动前，应解除嫁接膜；夏季嫁接的在嫁接后15～20天解除嫁接膜；春季嫁接的待第一次新梢木质化后，从砧木接口背面纵划一刀解除嫁接膜。

（二）剪砧、弯砧、铺地膜

秋季嫁接的应在翌年3月将成活芽上方1cm以上的砧木剪除。夏季嫁接的7～10天后在嫁接口上方3～5cm处将成活芽砧木扭伤，拉弯，绑缚在接口以下部位，使接芽处于相对顶端优势地

位，可促进接芽萌发，增加萌芽后的生长量；在新梢老熟后，从接口处把砧桩全部剪除，剪口应向接口后方倾斜。秋季嫁接的春季萌芽前剪砧后马上铺黑色地膜或园艺地布，春季嫁接的剪砧后马上铺地膜或园艺地布再嫁接（图7-5）。

（三）除萌、摘心、定干、整形

对砧木上抽生的萌芽，应及时从萌蘖基部抹除，以免消耗营养，影响接芽生长。

当嫁接苗高度长到20～30cm时，要进行第一次摘心定干。摘心后可促发侧枝，降低分枝高度。

定干后抽生的分枝，在主干不同方向均匀留3～4个健壮分枝培养，其余的抹去（图7-6）。

图7-5　剪砧铺地膜/园艺地布

图7-6　剪顶定干放梢

（四）肥水管理

春季剪砧前，撒施复合肥100kg/亩，松土；剪砧后铺上黑色地膜或者园艺地布，可以起到保湿及抑制杂草生长的作用。每次抽梢前后都施一次淡薄的水肥及喷施0.2%的磷酸二氢钾和0.2%尿素叶面追肥；定干时按1 000kg/亩开浅沟增施沤制好的有机肥，同时施水肥攻秋梢。旱时及时灌水，涝时及时排水。

（五）出圃

起苗时间一般为当年的11月至翌年的3月，最好是在春芽还没有萌发之前起苗，可以减少养分的消耗，抽出的第一批梢生长更加健壮。苗木出圃要求叶色浓绿，根系发达，无检疫性病虫害。

苗木甜橙类、宽皮柑橘类每捆（件）100株，柚类每捆（件）50株，用塑料薄膜包好根系。每捆（件）苗木应挂好标签。标签上注明品种、日期、砧木、分级等。运输途中严防重压、日晒、雨淋，苗木运到目的地后及时定植（图7-7至图7-10）。

图7-7　用塑料薄膜包好根系

图7-8　可出圃的温州蜜柑苗木

图7-9　可出圃的琯溪蜜柚苗木

图7-10　出圃苗木根系完整

第八章　柑橘容器大苗的培育

第一节　苗圃地的选择

大型苗圃：宜选择交通方便、水源充足、地势平坦、通风和光照良好、能隔离检疫性病虫害、无环境污染的地块建设苗圃。

田间苗圃：宜选择在种植果园中或附近，为柑橘种植者自用苗圃。要求水源充足、地势平坦、通风和光照良好。

第二节　苗圃的建立

大型苗圃建立在50目塑料纱网或者不锈钢网构建的网室内，进出网室门口设置缓冲间。田间苗圃宜建立在50目塑料纱网构建的网室内（图8-1）。

图8-1　广西农垦国有立新农场柑橘大苗繁育网棚

第三节　育苗容器

　　厚度为0.04～0.06mm、直径30～35cm、高30～40cm的聚乙烯吹塑而成育苗袋或无纺布袋。塑料育苗袋底部打5个直径为1cm的排水小孔和靠近底部的侧面打4个直径为1cm的排水小孔（图8-2，图8-3）。

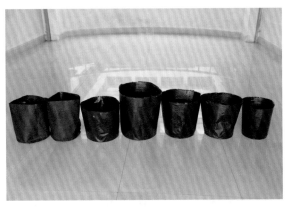

图8-2　不同材质及规格的大苗育苗袋

图8-3　不同规格的大苗育苗袋

第四节　营养土的配比及配制

配比：宜选择使用以下配比（体积比），黄心土60%～70%、谷壳10%～15%、木糠10%～20%、有机肥4%～6%、钙镁磷肥2%～3%（图8-4）。

图8-4　大苗繁育的营养土配方

配制：将黄心土、谷壳、发酵后的木糠、有机肥、钙镁磷肥等搅拌均匀，得到混合物装于育苗袋中（图8-5，图8-6）。

图8-5　大苗繁育的营养土配制

图8-6　大苗繁育的营养土

第五节　苗木移栽

1. 苗木质量及处理

苗木质量符合GB 5040和GB/T 9659的要求。

苗木处理：裸根苗剪去过长主根和受伤的根、枝叶，然后浆根；容器苗保持土团完好，剪去嫩梢。

2. 移栽时间及方法

裸根苗移栽分春植和秋植：春植在春梢萌发前的2—3月移栽；秋植在秋梢老熟后的10—11月移栽。容器苗可周年移栽。

移栽方法：裸根苗移栽，将苗木垂直放入育苗袋内，根系自然展开，然后填入营养土，再往上轻轻提拉，压实根土，苗木嫁接口露出泥土面0.1m；容器苗移栽，去掉塑料容器，将带土团苗木垂直放入育苗袋内，填入营养土至原苗木土团处，轻压苗木土团外四周的覆土，然后再盖上一层营养土。

3. 淋水

移栽完毕立即淋足定根水，以后根据苗木需水情况每隔1~5天淋水1次，直至成活为止。

第六节　苗木培育及管理

1. 施肥

施肥时期：每次梢前10~15天施肥1次，转绿期施1次。

肥料用量：每株每年施用量为纯氮120g，五氧化二磷25g，氧化钾35g。

施肥方法：采用水肥一体化滴灌、淋施、撒肥后淋水等方法进行施肥。

根外追肥：宜选用0.2%~0.3%的磷酸二氢钾加尿素或其他水溶性肥料。

2. 灌溉

当营养土含水量低于田间持水量的60%时，应及时淋水，夏季淋水1~2次/周。

3. 整形与修剪

整形：培育自然开心型树形。主干高35~45cm，主枝3~4个，副主枝9~12个。

抹芽及摘心：抹除零星芽以及主干、主枝及骨干枝上无用的芽，对夏、秋梢留8~12片叶及时摘心。末级梢保留分布均匀健壮芽2~4个。

放梢：对夏梢、秋梢进行人工控制，抹除零星梢后统一放梢。

第七节　病虫害防治

大苗期主要病害有炭疽病等，虫害主要有斜纹夜蛾、红蜘蛛、潜叶蛾等，可针对性用药。柑橘大苗培育期主要病虫害防治方法参见：苗圃主要病虫害的防治。严格控制非生产人员进出网室，对进入的生产人员进行严格消毒。

第八节　苗木出圃

检疫：苗木出圃前应按GB/T 5040规定进行产地检疫（图8-7至图8-12）。

起苗：起苗前抹去幼嫩新芽、喷药防治病虫害，苗木出圃时应挂标签，标明品种、砧木。

档案：苗木出圃后，及时将品种、出圃时间、出圃数量、定植去向、发苗人和接收人签字，入档保存。

图8-7　广西特色作物研究院柑橘大苗繁育-1

图8-8　广西特色作物研究院柑橘大苗繁育-2

图8-9　广西农垦国有立新农场大苗繁育-1

图8-10　广西农垦国有立新农场大苗繁育-2

图8-11　广东省农业科学院果树研究所大苗繁育

图8-12　福建省永春县天马柑橘场大苗繁育

第九章 柑橘苗木出圃

第一节 建立严格的检疫制度

柑橘黄龙病、柑橘溃疡病是为害柑橘的重要检疫性病害，可通过苗木调运远距离传播，对柑橘产业发展构成严重威胁，柑橘黄龙病更是柑橘产业的毁灭性病害。近年来，随着柑橘苗木引进传入柑橘溃疡病的情况也时有发生。柑橘是我国也是广西重要的优势产业，是农民增收的重要渠道，建立严格的检疫制度，切实加强柑橘苗木管理，是柑橘产业健康可持续发展的基本保障。

一、苗圃地的选定

（1）在黄龙病发生区，苗圃地要符合下列条件之一。

①在平原地区，周围3km以上无柑橘类植物。

②在山区、大河、湖泊等有自然屏障的地区，周围1.5km以上无柑橘类植物。

③在具有防虫网的室内封闭式育苗，防虫网进出口具有缓冲隔离间（图9-1，图9-2）。

（2）在柑橘溃疡病发生区，苗圃地周围1km以内无柑橘类植物。

图9-1　广西特色作物研究院无病毒苗木繁育基地缓冲隔离间

图9-2　百色市靖西市海升集团无病毒苗木繁育基地育苗网室缓冲隔离间

二、苗圃防疫措施

（1）禁止携带未经消毒的柑橘种子、苗木和果实进入苗圃。

（2）苗圃内使用的工具要新置专用，使用后要用10%漂白粉水溶液或1%次氯酸钠溶液消毒，用清水冲洗后晾干备用。

（3）严格防除柑橘木虱。

（4）凡外出到别的苗圃或柑橘园归返人员进入苗圃前，需要用75%酒精对手进行消毒处理，并要换穿备用工作服、鞋帽

（图9-3）。

（5）外来车辆进入苗圃前，需要进行消毒处理（图9-4）。

图9-3　无病毒苗木繁育基地人员消毒

图9-4　无病毒苗木繁育基地车辆消毒

三、出圃前的检疫与签证

苗木出圃前应由产地植物检疫部门根据购苗方的检疫申请函和国家有关规定，对苗木是否带有检疫性病虫害进行检疫。无检疫对象的苗木可签发产地检疫合格证。凡有检疫对象的苗木，应就地封存和销毁。

第二节 苗木出圃的时间

苗木出圃时间与栽植季节相结合，要考虑当地气候特点、土壤条件等确定。

一、容器苗

容器苗出圃不受季节限制，随时可以种植（图9-5至图9-7）。

图9-5　柑橘无病毒容器苗-1

图9-6　柑橘无病毒容器苗-2

图9-7 柑橘无病毒容器苗-3

二、裸根苗

裸根苗苗木出圃时间根据种植时间分为两类：春植在春梢萌发前的2—3月起苗，秋植在秋梢老熟后的10—11月起苗（图9-8）。

图9-8 柑橘无病毒裸根苗

第三节　苗木起苗

起苗前充分灌水、抹去幼嫩新芽、剪除幼苗基部多余分枝、喷药防治病虫害，苗木出圃时要清理并核对品种、砧木、标签。

第四节　出圃苗木的分级与检验标准

苗木经过一定时期的培育，达到要求的规格后，即可出圃。

一、出圃苗木基本要求

（1）检疫合格，且无其他严重病虫害。

（2）砧木嫁接部位距地面10cm以上，嫁接口愈合良好，已解除捆缚物；砧木残桩不外露，断面已愈合或在愈合过程中。

（3）苗木健壮，主干粗直、光洁，枝叶健全，叶色浓绿，富有光泽，砧穗接合部的曲折度不大于15°。

（4）根系完整，主根长15cm以上，侧根、须根发达，根颈处不扭曲。

二、苗木分级

在符合出圃苗木基本要求的前提下，以苗木径粗、苗木高度作为分级依据。不同品种和砧木的嫁接苗，按其生长势分为1级和2级（图9-9），其分级标准见表9-1。

以苗木径粗、苗木高度两项中最低一项的级别判定该苗级别。低于2级标准的苗木即为不合格苗木。苗木的分级工作应在荫蔽背风处进行，并做到随起苗随分级和假植，以防风吹日晒或损伤根系。

图9-9　柑橘无病毒苗木分级

表9-1　柑橘嫁接苗分级标准

品种种类	砧木	级别	苗木径粗（cm）≥	苗木高度（cm）≥
宽皮柑橘、杂柑	枳	1	0.8	50
		2	0.6	45
	酸橘、红橘、香橙、枳橙	1	0.9	55
		2	0.7	45
甜橙	枳	1	0.9	55
		2	0.6	45
	酸橘、红橘、香橙、枳橙	1	1.0	60
		2	0.7	45
柚	枳	1	1.0	60
		2	0.8	50
	酸柚	1	1.2	80
		2	0.9	60

（续表）

品种种类	砧木	级别	苗木径粗（cm）≥	苗木高度（cm）≥
金柑	枳	1	0.7	40
		2	0.5	35
	金柑	1	0.8	50
		2	0.6	40

第五节　苗木的包装、标志和运输

一、苗木的包装与标志

出圃分级后，容器苗木带原装容器出圃和运输；需调运的露地带土苗单株包装；裸根苗远距离运输时根部需浸沾泥浆（图9-10），对裸根苗枝叶和根系进行适度修剪，每20～50株为一捆，注意根部保湿，用稻草或黑色薄膜包捆，捆扎牢固。

图9-10　柑橘无病毒裸根苗木浆根

出圃苗木应附苗木产地检疫证和质量检验合格证。裸根苗应分品种包装，每捆（件）苗木应外挂双标签，注明品种、砧木、苗龄、等级、数量、出圃日期及育苗单位、育苗地点等（图9-11）；容器苗应逐株加挂品标签，注明品种、砧木等（图9-12）。

图9-11　柑橘无病毒裸根苗木包装

图9-12　柑橘无病毒容器苗出圃

二、苗木的运输

运输途中严防重压、日晒、雨淋，注意通风透气，使苗堆中心温度≤25℃，防止烧苗。苗木运到目的地后，注意遮阴和保湿，及时定植或假植。

苗木出圃后，及时将品种、出圃时间、出圃数量、定植去向、发苗人和接收人签字，入档保存。

参考文献

陈传武，白先进，赵小龙，等，2009. 柑橘黄龙病nested-PCR检测技术在柑橘苗木生产中的应用[J]. 植物保护，35（3）：91-93.

邓崇岭，邓光宙，刘升球，等，2007. 柑橘夏季嫁接试验初报[J]. 广西园艺，18（6）：19-20.

邓崇岭，2017. 实用柑橘病虫害防治原色图谱[M]. 南宁：广西科学技术出版社.

邓秀新，彭抒昂，2013. 柑橘学[M]. 北京：中国农业出版社.

何天富，2009. 柑橘学[M]. 北京：中国农业出版社.

蒋元晖，赵学源，苏维芳，等，1987. 通过茎尖嫁接脱除柑桔黄龙病病原体[J]. 植物保护学报，14（3）：184，162.

林孔湘，1982. 柑橘无病虫栽培[M]. 北京：农业出版社.

潘介春，薛进军，邓英毅，2013. 南方果树苗木繁育技术[M]. 北京：化学工业出版社.

石健泉，1988. 广西柑桔品种图册[M]. 南宁：广西人民出版社.

谭志友，2007. 柑橘育苗新技术[M]. 重庆：重庆出版社.

王明召，付慧敏，吴礽超，等，2008. 鉴定柑桔病毒病的三种指示植物秋季嫁接适宜温湿度初探[J]. 中国南方果树，37（4）：22-23.

王明召，区善汉，娄兵海，等，2009. 迟熟蕉柑茎尖嫁接砧木对比试验及病毒类病害鉴定[J]. 广西农业科学，40（8）：1 010-1 013.

王明召，阳廷密，赵小龙，等，2011. 柑桔指示植物鉴定接种方法改进研究[J]. 中国南方果树，40（3）：51-53.

王明召，阳廷密，邓崇岭，等，2012. 不同时期剪砧解膜对初冬嫁接柑桔苗成活与生长的影响[J]. 中国南方果树，41（6）：43-45.

伊华林，2016. 现代柑橘产业技术[M]. 北京：中国农业科学技术出版社.

以农乐，邓崇岭，岳仁芳，等，1994. 柑桔标准化生产手册[M].南宁：广西科学技术出版社.

Chongling Deng，Xianjin Bai，Binghai Lou，2016. Effects and Experiences of Integrated Control of Citrus Huanglongbing performed in the Last Decade in Guangxi，P. R. China[J]. 南方园艺，27（3）：26-27.

Chongling Deng，Binghai Lou，Shengqiu Liu，2016. Introduction of Propagation System of Virus-free Citrus Nursery Tree in Guangxi，P. R. China[J]. 南方园艺，27（5）：3-5.

附　录

附录一　中华人民共和国农业行业标准——柑橘苗木脱毒技术规范（NY/T 974—2006）

前　言

本标准的附录A是规范性附录，附录B和附录C是资料性附录。

本标准由中华人民共和国农业部提出并归口。

本标准起草单位：中国农业科学院柑桔研究所、湖南农业大学、重庆市果树研究所、广西柑桔研究所和农业部柑桔及苗木质量监督检验测试中心。

本标准主要起草人：周常勇、蒋元晖、赵学源、唐科志、杨方云、李太盛、肖启明、李隆华、白先进。

1　范围

本标准规定了国内柑橘苗木的脱毒对象、脱毒技术、脱毒效果检测和质量要求。

本标准适用于甜橙、宽皮柑橘、柚、葡萄柚、柠檬、来檬、枸橼（佛手）、酸橙和金柑以及有关杂交种苗木的脱毒。

2　引用标准

下列文件中的条款通过本标准的引用而成为本标准的条款。凡是注日期的引用文件，其随后所有的修改单（不包括勘误的内容）或修订版均不适用于本标准，然而，鼓励根据本标准达成协议的各方研究是否可使用这些文件的最新版本。凡是不注日期的引用文件，其最新版本适用于本标准。

GB 5040 柑橘苗木产地检疫规程

3　术语和定义

3.1　柑橘苗木 citrus budling

指嫁接苗、接穗和砧木组合的苗木。

3.2　病毒病和类似病毒病害 virus and virus-like diseases

由病毒、类病毒、植原体、螺原体和某些难培养细菌引起的植物病害。

3.3　脱毒 virus exclusion

采取一定的技术措施，从受病毒病或类似病毒病害感染的植株得到无病毒后代植株的过程。

3.4　茎尖嫁接 shoot-tip grafting

将嫩梢的生长点连同2~3个叶原基，大小0.14~0.18mm的茎尖嫁接于试管内生长的砧木上的过程。

3.5　指示植物 indicator plant

受某种病原物侵染后能敏感地表现具有特征性症状的植物。

4 脱毒对象

4.1 柑橘黄龙病病原细菌 (*Candidatus* Liberobacter asiaticus)

4.2 柑橘裂皮病类病毒 (Citrus exocortis viroid, CEV)

4.3 柑橘碎叶病毒 (Citrus tatter leaf virus, CTLV)

4.4 柑橘衰退病毒 (Citrus tristeza virus, CTV) 引起柚矮化病和甜橙茎陷点病的株系。

4.5 温州蜜柑萎缩病毒 (Satsuma dwarf virus, SDV)

5 脱毒技术

5.1 应用湿热空气处理脱除柑橘黄龙病

按GB 5040执行。

5.2 应用茎尖嫁接技术脱除柑橘黄龙病和柑橘裂皮病

5.2.1 器材

超净工作台、高压消毒锅、恒温箱、光照培养箱、高倍体视显微镜、酒精灯、镊子（长25cm及10cm各1把）、茎尖嫁接刀（自制，用宽约6mm的竹片顶端夹住双面刀片的尖头碎片，用棉线捆牢）、试管（口径25m，长150mm）及棉塞、培养皿（直径10.5cm及6.5cm）和烧杯。

5.2.2 茎尖嫁接在无菌条件下操作

5.2.3 茎尖嫁接前用品准备

5.2.3.1 培养基

固体、液体MS培养基按附录A配方配制，装入试管，每管约20ml。试管在装入液体培养基前，需在管底放入滤纸桥（用约

附
录

9cm直径的圆形滤纸，中央剪0.5cm见方的孔，摺成圆柱形，放入管内，孔朝上）用以支撑茎尖嫁接苗。滤纸桥高度与液体培养基的液面平。

5.2.3.2　操作垫纸

用白纸裁成64开大小，10张成叠，外用16开纸包扎。

5.2.3.3　茎尖嫁接刀

将自制的茎尖嫁接刀10～15把扎成一捆放入试管内，刀尖朝下，悬空。管底垫少量棉花及纸以防刀尖接触管壁。管口用牛皮纸封住。

5.2.3.4　培养皿

每个用牛皮纸包被，打捆，或放入烧杯，用牛皮纸封口。

5.2.3.5　培养基和其他用品的消毒

将5.2.3.1、5.2.3.2、5.2.3.3、5.2.3.4各项用品放入高压消毒锅内消毒。消毒温度为121℃，持续20min。其中，茎尖嫁接刀须用有套层的高压蒸汽消毒器消毒，以达到消毒物品干燥的要求，避免刀口生锈，影响嫁接成活。

5.2.4　砧木准备

砧木常用枳橙或枳的实生苗。剥去种子的内、外种皮，放入直径为10.5cm的培养皿，用0.5%次氯酸钠液（加0.1%吐温20）浸10min，无菌水洗3次，每次1～2min，播于试管内MS固体培养基上，每管1～3粒，在27℃黑暗中萌发、生长，两周后可供茎尖嫁接。如暂时不用，试管罩上塑料袋，直立放入4～8℃冰箱内备用。

5.2.5　茎尖准备

采1～2cm长的健壮嫩梢，摘除下部较大叶片，放入直径为6.5cm的培养皿，经0.25%次氯酸钠液（加0.1%吐温20）浸5min，无菌水洗3次，每次1～2min，备用。

5.2.6 茎尖嫁接

高倍体视显微镜放超净台上，用棉球蘸消毒精擦手及台面，点燃酒精灯，将大、小镊子在灯上灼烧消毒；将操作垫纸放在双筒扩大镜镜台上，用镊子取出砧木苗（以选用直径0.1cm以上的为好）放于纸上，截顶留1.5cm茎，切去根尖留4~6cm根，去子叶和腋芽。在放大10倍的镜头下操作，在砧木顶侧开倒"T"形切口，横切一刀，竖切平行两刀，深达形成层，两刀间距以能放入茎尖为宜，挑去三刀间的皮层，形成"U"字形切口。取5.2.5准备好的梢段，切下生长点连带2~3个叶原基，长度为0.14~0.18mm的茎尖，放入切口，茎尖切面与砧木的横切面相贴。将茎尖嫁接苗放入盛有MS液体培养基的试管内。

5.2.7 茎尖嫁接苗管理

将装有茎尖嫁接苗的试管置于26~27℃恒温下培养，每天光照1 000lx 16h，黑暗8h。

5.2.8 茎尖嫁接苗的再嫁接

待试管内茎尖嫁接苗长出2~3个叶片稍老化时，将茎尖嫁接苗从试管内取出，切去根部，留1~1.5cm砧木的茎，削去一侧皮层，嫁接在网室内盆栽砧木倒砧口下侧顶部。上套聚乙烯薄膜袋保湿，成活后去袋，待再发新梢老化后截砧。

5.3 应用热处理+茎尖嫁接脱除柑橘碎叶病、温州蜜柑萎缩病和柑橘衰退病

供脱毒的植株每天在40℃有光照条件下生长16h和在30℃黑暗条件下生长8h，连续10~60天后，采嫩梢1~2cm进行茎尖嫁接。茎尖嫁接程序、茎尖嫁接苗管理及再嫁接与5.2相同。

6 脱毒效果检测

6.1 指示植物检测

见附录B。

6.2 生物化学和分子生物学方法检测

见附录C。

7 质量要求

经湿热空气处理、茎尖嫁接或热处理+茎尖嫁接脱毒处理所得苗木，每株需经检测，用指示植物检测不显症状者或用生物化学和分子生物学方法检测呈阴性者为合格；用指示植物检测有症状者或用生物化学和分子生物学方法检测呈阳性者为不合格。

附录A
（规范性附录）

表A.1　茎尖嫁接用培养基配方

MS固体培养基（mg/L）		液体培养基（mg/L）	
NH_4NO_3	1 650	NH_4NO_3	1 650
KNO_3	1 900	KNO_3	1 900
$CaCl_2 \cdot 2H_2O$	440	$CaCl_2 \cdot 2H_2O$	440
$MgSO_4 \cdot 7H_2O$	370	$MgSO_4 \cdot 7H_2O$	370
KH_2PO_4	170	KH_2PO_4	170
KI	0.83	KI	0.83
H_3BO_3	6.2	H_3BO_3	6.2

MS固体培养基 （mg/L）		液体培养基 （mg/L）	
$MnSO_4 \cdot 4H_2O$	22.3	$MnSO_4 \cdot 4H_2O$	22.3
$ZnSO_4$	8.6	$ZnSO_4$	8.6
Na_2MoO_4	0.025	Na_2MoO_4	0.025
$CuSO_4 \cdot 5H_2O$	0.002 5	$CuSO_4 \cdot 5H_2O$	0.002 5
$CoCl_2 \cdot 6H_2O$	0.002 5	$CoCl_2 \cdot 6H_2O$	0.002 5
Na_2EDTA	37.3	Na_2EDTA	37.3
$FeSO_4 \cdot 7H_2O$	27.8	$FeSO_4 \cdot 7H_2O$	27.8
琼脂	12g	盐酸硫胺素	0.1
蒸馏水	1 000ml	盐酸吡哆醇	0.5
		烟酸	0.5
		肌醇	100g
		蔗糖	75g
		蒸馏水	1 000ml

附录B
（资料性附录）

表B.1 应用指示植物检测柑橘病毒病和类似病毒病害

病害	指示植物种类 （品种）	鉴别症状	适于发病的 温度（℃）	鉴定一植株所需 指示植物株树
裂皮病	Etrog香橼的亚 利桑那-861或 861-S-1选系	嫩叶严重向 后卷	27～40	5

（续表）

病害	指示植物种类（品种）	鉴别症状	适于发病的温度（℃）	鉴定一植株所需指示植物株树
碎叶病	Rusk枳橙	叶部黄斑、叶缘缺损	18～26	5
黄龙病	椪柑或甜橙	叶部黄斑、叶缘缺损	27～32	10
衰退病 柚矮化病	凤凰柚	茎木质部严重陷点	18～26	5
甜橙茎陷点病	madar vinous 甜橙	茎木质部严重陷点	18～26	5
温州蜜柑萎缩病	白芝麻	叶部枯斑	18～26	10

附录C
（资料性附录）

表C.1　应用生物化学和分子生物学方法检测柑橘病毒病和类似病毒病害

方　法		检测对象
生物化学	血清学	A蛋白酶联免疫吸附法（DAS-ELISA）	温州蜜柑萎缩病毒
		双抗体夹心酶联免疫吸附法（DAS-ELISA）	柑橘碎叶病毒
		双向聚丙烯酰胺凝胶电泳（sPAGE）	柑橘裂皮病类病毒

（续表）

方　法	检测对象
多聚酶链式反应（PCR）	柑橘黄龙病病原细菌
反转录多聚链式反应（RT-PCR）	柑橘裂皮病类病毒
半巢式反转录多聚链式反应（Semi-nested RI-PCR）	柑橘碎叶病毒

分子生物学

附
录

155

附录二 广西壮族自治区地方标准——柑橘无病毒苗木繁育技术规程（DB45/T 482—2008）

前 言

本标准的附录A和附录B为规范性附录，附录C为资料性附录。本标准由广西壮族自治区农业厅提出。

本标准起草单位广西壮族自治区柑桔研究所。

本标准主要起草人：邓崇岭、赵小龙、张社南、刘升球、莫健生、邓光宙。本标准为首次发布。

1 范围

本标准规定了柑橘无病毒苗木繁育技术规程的术语和定义、原始母树的选定、原始母树感染病毒病和类似病毒病害情况鉴定、指示植物鉴定、脱毒、柑橘无病毒品种原始材料的网室保存、无病毒母本园的建立与管理、无病毒采穗圃的建立与管理、无病毒播种圃的建立与管理、无病毒苗圃的建立与管理。

本标准适用于广西壮族自治区范围内柑橘无病毒苗木的繁育。

2 规范性引用文件

下列文件中的条款通过本标准的引用而成为本标准的条款。

凡是注日期的引用文件，其随后所有的修改单（不包括勘误的内容）或修订版均不适用于本标准，然而，鼓励根据本标准达成协议的各方研究是否可使用这些文件的最新版本。凡是不注日期的引用文件，其最新版本适用于本标准。

GB 5040 柑橘苗木产地检疫规程

DB45/T 63—2003 柑橘苗木生产技术规程

3 术语和定义

下列术语和定义适用于本标准。

3.1 原始母树

对病毒和类似病毒病害感染状况尚不明确的母本树。

3.2 病毒病和类似病毒病害

由病毒、类病毒、植原体、螺原体和某些难培养细菌引起的植物病害。

3.3 指示植物

受某种病原物侵染后，能表现具有特征性症状的植物。

3.4 茎尖嫁接

取嫩梢顶端生长点连同2~3个叶原基，长度为0.14~0.18mm的茎尖嫁接于试管内生长的砧木的过程。

3.5 脱毒

采用茎尖嫁接或热处理+茎尖嫁接方法，使已受病毒病和类似病毒病害感染的植株的无病毒部分与原植株脱离而得到无病毒植株的过程。

3.6 无病毒母本树

用符合本规程要求的无病毒品种原始材料繁育或经检测符合

本规程要求的无病毒的可供采穗用的植株。

3.7 无病毒母本园

种植无病毒母本树的园地。

3.8 无病毒采穗圃

用无病毒母本树的接穗繁殖的苗木建立的用于生产接穗的圃地。

3.9 无病毒播种圃

用于播种砧木种子的圃地。

3.10 无病毒苗圃

用从无病毒采穗圃或无病毒母本园采集的接穗繁殖苗木的圃地。

3.11 无病毒苗木

不带柑橘黄龙病、裂皮病、碎叶病、柑橘衰退病毒茎陷点型强毒系引起的柚矮化病和甜橙茎陷点病、温州蜜柑萎缩病及柑橘溃疡病的健康苗木。

4 原始母树的选定

原始母树选用适栽品种的优良单株，或具有该品种典型园艺学性状的其他单株。

5 原始母树感染病毒病和类似病毒病害情况鉴定

5.1 从原始母树采接穗，在用方孔径0.77mm（40目）塑料纱网构建的网室内嫁接繁殖2～4株苗木，以备病毒和类似病毒病鉴定和脱毒用。

5.2 病毒病和类似病毒病害鉴定可采用指示植物法（按第六章进

行），亦可采用快速法，后者包括血清学鉴定、聚丙烯酰胺凝胶电泳鉴定和分子生物学鉴定（附录C）。

5.3 鉴定证明原始母树未感染柑橘黄龙病、裂皮病、碎叶病、柑橘衰退病毒茎陷点型强毒系引起的柚矮化病和甜橙茎陷点病以及温州蜜柑萎缩病、柑橘溃疡病，从该母树采接穗在网室内繁殖的苗木（5.1）即系柑橘无病毒苗木，可用作柑橘无病毒品种原始材料。

5.4 鉴定证明原始母树已感染柑橘黄龙病、裂皮病、碎叶病、柑橘衰退病毒茎陷点型强毒系引起的柚矮化病和甜橙茎陷点病以及温州蜜柑萎缩病，该母树要进行脱毒。

6 指示植物鉴定

6.1 鉴定的病害，指示植物种类（品种），鉴别症状，适于发病的温度和鉴定一植株所需指示植物株数按附录A参数执行。

6.2 指示植物鉴定在用方孔径0.77mm（40目）塑料纱网构建的网室或温室内进行。

6.3 指示植物中，Etrog香橼的亚利桑那861或861-S-1选系和凤凰柚用嫁接苗或扦插苗，其他指示植物用实生苗或嫁接苗。

6.4 接种木本指示植物用嫁接接种，一般用单芽或枝段腹接，除黄龙病鉴定外，亦可用皮接。接种草本指示植物用汁液摩擦接种。

6.5 在每一批鉴定中，鉴定一种病害需设接种标准毒源的指示植物作正对照，设不接种的指示植物作负对照。

6.6 指示植物接种时，在一个品种材料接种后，所用嫁接刀和修枝剪用1%次氯酸钠液消毒，操作人员用肥皂洗手。

6.7 指示植物要加强肥水管理和病虫防治，以保持指示植物的健壮生长，并及时修剪，诱发新梢生长，加速症状表现。

6.8 在适宜发病条件下，每3～10天观察1次发病情况，在不易发病的季节，每2～4周观察1次。

6.9 指示植物的发病情况，一般观察到接种后24个月为止。观察期间，如果正对照植株发病而负对照植株未发病，可根据指示植物发病与否判断被鉴定植株是否带病。在鉴定某种病害的指示植物中有1株发病，被鉴定的植株即判定为带病。

7 脱毒

7.1 脱毒技术

对已受柑橘裂皮病、黄龙病感染的植株，采用茎尖嫁接法脱毒；对已受柑橘碎叶病、衰退病、温州蜜柑萎缩病感染的植株，采用热处理+茎尖嫁接法脱毒。

7.2 茎尖嫁接脱毒技术的操作

7.2.1 茎尖嫁接在无菌条件下操作。

7.2.2 砧木准备。常用枳橙或枳的种子，剥去内、外种皮，经用0.5%次氯酸钠液（加0.1%吐温20）浸10min后，灭菌水洗3次，播于经高压消毒的试管内MS固体培养基上，在27℃黑暗中生长，两周后供嫁接用。

7.2.3 茎尖准备及嫁接。采1~2cm长的嫩梢，经0.25%次氯酸钠液（加0.1%吐温20）浸5min，灭菌水洗3次后切取顶端生长点连同其下2~3个叶原基，长度为0.14~0.18mm的茎尖嫁接于砧木上，放入经高压消毒的装有MS液体培养基的试管中，在生长箱或培养室内保持27℃、每天16h、1 000lx光照和8h黑暗条件下生长。

7.2.4 茎尖嫁接苗的再嫁接。试管内茎尖嫁接苗长出3~4张叶片时，将茎尖嫁接苗再嫁接于盆栽砧木上，以加速生长。

7.2.5 脱毒效果的确认。从茎尖嫁接苗取枝条嫁接于指示植物，或取样用快速鉴定法鉴定其感病情况，如果呈阴性反应，证明原始母树所带病原已经脱除。所需鉴定的病害种类与原始母树所感染的相同。

7.3 热处理+茎尖嫁接脱毒技术的操作

供脱毒的植株每天在40℃有光照条件下生长16h和在30℃黑暗条件下生长8h，连续10～60天后采嫩梢进行茎尖嫁接，其他步骤与7.2同。

8 柑橘无病毒品种原始材料的网室保存

8.1 网室用方孔径0.45mm（70目）塑料纱网构建，网室内工具专用，修枝剪在使用于每一植株前用1%次氯酸钠液消毒。工作人员进入网室工作前，用肥皂洗手；操作时，人手避免与植株伤口接触。

8.2 每个品种材料的脱毒后代在网室保存2～4株，用做柑橘无病毒品种原始材料。

8.3 网室保存的植株除有特殊要求的以外，采用枳作砧木。

8.4 网室保存植株用盆栽，盆高约30cm，盆口直径约30cm。

8.5 网室保存植株每年春梢萌发前重修剪一次，每隔5～6年，通过嫁接繁殖更新。

8.6 网室保存植株每年调查一次柑橘黄龙病、柚矮化病和甜橙茎陷点病发生情况，每5年鉴定一次柑橘裂皮病、碎叶病和温州蜜柑萎缩病感染情况。发现受感染植株，立即淘汰。

9 无病毒母本园的建立与管理

9.1 园地

柑橘无病毒母本园建立在由方孔径0.45mm（70目）塑料纱网构建的网室内。

9.2 无病毒母本树的种植株数

每个品种材料的无病毒母本树在无病毒母本园内种植2～6株。

9.3　管理

9.3.1　无病毒母本树启用的时间

无病毒植株连续结果3年显示其品种固有的园艺学性状后，开始用做母本树。

9.3.2　柑橘无病毒母本树的病害调查、检测和品种纯正性观察以及处理方法

9.3.2.1　每年10—12月，调查柑橘黄龙病发生情况，调查病害的症状依据见附录B。

9.3.2.2　每年5—6月，调查柚矮化病和甜橙茎陷点病发生情况，调查病害的症状依据见附录B。

9.3.2.3　每隔3年，应用指示植物或RT-PCR或血清学技术检测柑橘裂皮病、碎叶病和温州蜜柑萎缩病感染情况。

9.3.2.4　每年在相应的物候期，对枝、叶、果实的生长特性及形态进行观察，确定品种是否纯正。

9.3.2.5　经过病害调查、检测和品种纯正性观察，淘汰不符合本规程要求的植株。

9.3.2.6　用于柑橘无病毒母本树的常用工具专用，枝剪和刀、锯在使用于每株之前，用1%次氯酸钠液消毒。工作人员在进入柑橘无病毒母本园工作前，用肥皂洗手；操作时，人手避免与植株伤口接触。

10　无病毒采穗圃的建立与管理

10.1　圃地

无病毒采穗圃建立在由方孔径0.45mm（70目）塑料纱网构建的网室内。

10.2 管理

10.2.1　繁殖无病毒采穗圃植株所用接穗全部采自无病毒母本园。

10.2.2　无病毒采穗圃植株可以采集接穗的时间，限于植株在采穗圃种植后3年内。

10.2.3　用于柑橘无病毒采穗圃常用工具专用，枝剪在使用于每个品种材料之前，用1%次氯酸钠液消毒。工作人员在进入柑橘无病毒采穗圃工作前，用肥皂洗手；操作时，人手避免与植株伤口接触。

10.2.4　每年5—6月，调查柚矮化病和甜橙茎陷点病发生情况；10—12月，调查柑橘黄龙病发生情况；调查病害的症状依据应符合附录B所示，调查中发现病株，立即挖除。

11　无病毒播种圃的建立与管理

11.1　圃地

无病毒播种圃建立在由方孔径0.77mm（40目）塑料纱网构建的网室内。

11.2　管理

11.2.1　用于柑橘无病毒播种圃的常用工具专用。

11.2.2　砧木种子（枳嫩种除外）应经热处理消毒（按GB 5040执行）。

11.2.3　砧木种子的播种及护理（按DB45/T 63—2003执行）。

12　无病毒苗圃的建立与管理

12.1　圃地

无病毒苗圃建立在由方孔径0.77mm（40目）塑料纱网构建的网室内。

12.2 管理

12.2.1 繁殖苗木所用接穗全部来自无病毒采穗圃或无病毒母本园。

12.2.2 用于柑橘无病毒苗圃的常用工具专用，枝剪和嫁接刀在使用于每个品种材料之前，用1%次氯酸钠液消毒。工作人员在进入柑橘无病毒苗圃工作前，用肥皂洗手；操作时，人手避免与植株伤口接触。

12.2.3 砧木幼苗的移植及嫁接苗的护理（按DB45/T 63—2003执行）。

12.2.4 苗木出圃前，调查柑橘黄龙病、裂皮病、碎叶病、温州蜜柑萎缩病、柚矮化病、甜橙茎陷点病和柑橘溃疡病发生情况，发现病株，立即拔除。

苗木分级质量要求（按DB45/T 63—2003规定执行）。

附录A
（规范性附录）

表A.1 应用指示植物鉴定柑橘病毒病和类似病毒病害的标准参数

病害	指示植物种类（品种）	鉴别症状	适于发病的温度（℃）	鉴定一植株所需指示植物株数
裂皮病	Etrog香橼的亚利桑那861或861-S-1选系	嫩叶严重向后卷	27～40	5
碎叶病	Rusk枳橙	叶部黄斑、叶缘缺损	18～26	5
黄龙病	椪柑或甜橙	叶片斑驳型黄化	27～32	10

病害	指示植物种类（品种）	鉴别症状	适于发病的温度（℃）	鉴定一植株所需指示植物株数
柚矮化病	凤凰柚	茎木质部严重陷点	18～26	5
甜橙茎陷点病	madam vinous 甜橙	茎木质部严重陷点	18～26	5
温州蜜柑萎缩病	白芝麻	叶部枯斑	18～26	10

附录B
（规范性附录）

表B.1　田间应用目测法诊断黄龙病、柚矮化病和甜橙茎陷点病的症状依据

病毒	症状依据
黄龙病	叶片转绿后从叶脉附近和叶片基部开始褪绿，形成黄绿相间的斑驳型黄化，发病初期，树冠上部有部分新梢叶片黄化形成的"黄梢"
柚矮化病	小枝木质部陷点严重，春梢短、叶片扭曲
甜橙茎陷点病	小枝木质部陷点严重，小枝基部易折裂，叶片主脉黄化，果实变小

附录C
（资料性附录）

表C.1　应用快速法鉴定柑橘病毒病和类似病毒病害

	方法	病害
血清学	A蛋白酶联免疫吸附法	温州蜜柑萎缩病
	双抗体夹心酶联免疫吸附法	碎叶病
	双向聚丙烯酰胺凝胶电泳	裂皮病
分子生物学	多聚酶链式反应	黄龙病
	反转录多聚酶链式反应	裂皮病、衰退病
	半巢式反转录多聚酶链式反应	碎叶病

附录三　广西壮族自治区地方标准——柑橘容器苗繁育技术规程（DB45/T 1296—2016）

前　言

本标准按照GB/T 1.1—2009给出的规则起草。本标准由广西壮族自治区农业厅提出。

本标准起草单位：广西特色作物研究院。

本标准主要起草人：刘升球、李贤良、邓崇岭、陆月坚、闫勇、陈传武。

1　范围

本标准规定了柑橘容器苗繁育技术的苗圃地选择和要求、育苗容器、营养土的配制和消毒、砧木、嫁接、管理、苗木出圃。

本标准适用于广西境内柑橘容器苗繁育。

2　规范性引用文件

下列文件对于本文件的应用是必不可少的。凡是注日期的引用文件，仅所注日期的版本适用于本文件。凡是不注日期的引用文件，其最新版本（包括所有的修改单）适用于本文件。

GB 5040 柑橘苗木产地检疫规程

GB/T 9659 柑橘嫁接苗

3 苗圃地选择和要求

3.1 苗圃地选择

交通方便、水源充足、地势平坦、通风和光照良好、能隔离检疫性病虫害、无环境污染。

3.2 苗圃地要求

采用≥50目防虫网隔离，进出网室门口设置缓冲间。

4 育苗容器

4.1 育苗袋

厚度为0.04~0.06mm、直径11cm、高30cm的聚乙烯吹塑而成，靠近底部的侧面需打4个直径为1cm的排水小孔。

4.2 育苗桶

厚度为0.07cm的聚乙烯吹塑成方形，口边径为11cm，底部边径为8cm，高30cm，底部有4个直径1cm的排水孔的容器。

5 营养土的配制和消毒

5.1 配制

宜选择使用以下配比（体积比）方案：

——黄心土50%~60%、谷壳20%~25%、草炭土20%~25%、钙镁磷肥2%~3%；

——黄心土50%~60%、谷壳20%~25%、木糠20%~25%、钙镁磷肥2%~3%。

5.2 消毒

5.2.1 蒸汽消毒

将配制好的营养土用蒸汽消毒。消毒时间每次35min，升温到100℃及以上保持25min。将消毒过的营养土堆在堆料房中，待冷却后即可装入育苗容器。

5.2.2 甲醛溶液熏蒸消毒

将配制好的营养土堆码成30cm厚，每隔40～50cm凿一个15cm深的圆孔，每孔灌注甲醛溶液2ml，覆土盖膜，10～15天后揭膜、翻土，敞放一周后备用。

6 砧木

6.1 种子消毒

播种前将种子用40℃热水浸泡5～10min，取出后立即放入55℃的热水中浸泡50min，取出晾干备用。

6.2 播种

播前把播种苗床和工具等用70%甲基硫菌灵可湿性粉剂600～800倍液消毒1次，播后覆盖1～1.5cm厚营养土，一次性灌足水。种子萌芽后每1～2周施0.1%～0.2%复合肥溶液1次，注意防治立枯病、炭疽病和脚腐病，及时剔除病弱苗。

6.3 移栽与管理

当砧木苗长到10～15cm高时移栽。起苗前灌足水，淘汰根颈或主根弯曲苗、弱小苗和变异苗等不正常苗。定植时剪掉砧木下部弯曲根，将砧木苗种于育苗桶（袋）中间，压实根土，灌足定根水，定植后每隔10～15天淋施1次0.2%～0.3%的复合肥水肥。

7 嫁接

7.1 接穗

接穗要求按GB/T 9659规定执行。接穗须来自无病毒网室，接穗树来源清楚，用网室保存。

7.2 方法

当砧木离土面5cm以上部位直径达0.5cm时，即可嫁接，嫁接高度离砧木根颈15cm左右。嫁接前对所有用具用0.5%漂白粉液消毒。嫁接时间和方法：春季3—4月用切接法；夏季6—7月用小芽腹接法；秋季8—10月用小芽腹接法。

8 管理

8.1 剪砧和弯砧

8.1.1 剪砧

秋季嫁接苗在春季接芽萌发前剪去嫁接口上部砧木，剪口与芽的相反方向呈45°角倾斜。

8.1.2 弯砧

夏季嫁接苗在嫁接10～15天后弯砧，即把砧木主干接芽以上的顶端枝干反面弯曲并固定下来，待接芽萌发主干枝条老熟以后剪去嫁接口上部砧木，剪口与芽的相反方向呈45°角倾斜。

8.2 补接

用7.2的方法对嫁接未成活的苗集中补接。

8.3 解膜

8.3.1 时间

春季嫁接苗在6—7月，夏季嫁接苗嫁接后3周左右，秋季嫁接苗于春季萌芽前。

8.3.2 方法

用刀在接芽反面将膜切断。

8.4 除萌

及时抹除嫁接后砧木上的萌芽。

8.5 摘心

苗高20cm以上时摘心定干。

8.6 调苗

将苗场内同批次苗中长势差的小苗、弱苗调出，分等级培育。

8.7 肥水管理

每周用0.2%～0.3%复合肥或尿素淋苗1次，追肥可视苗木生长需要而定，夏季淋水2～3次/周。

8.8 病虫害防治

幼苗期喷3～4次杀菌剂防治苗期病害，苗期主要病害有炭疽病、立枯病、脚腐病等，虫害主要有斜纹夜蛾、红蜘蛛、潜叶蛾等，可针对性用药（附录A）。严格控制非生产人员进出网室，对进入的生产人员进行严格消毒。

9 苗木出圃

9.1 检疫

苗木出圃前应按GB/T 5040规定进行产地检疫。

9.2 起苗

起苗前抹去幼嫩新芽、剪除幼苗基部多余分枝、喷药防治病虫害，苗木出圃时应挂标签，标明品种、砧木。

9.3 档案

苗木出圃后，及时将品种、出圃时间、出圃数量、定植去向、发苗人和接收人签字，入档保存。

附录A
（资料性附录）

表A.1 柑橘苗期主要病虫害防治方法

病虫害名称		防治方法
病害	柑橘炭疽病	在春、夏、秋梢的嫩梢期各喷1次药，用70％甲基硫菌灵可湿性粉剂800~1 000倍液、25％咪鲜胺乳油800~1 000倍液等
	柑橘苗期立枯病	种子热处理催芽以后用70％甲基硫菌灵可湿性粉剂800~1 000倍液浸泡20min，播种并覆盖完成后用70％甲基硫菌灵可湿性粉剂800~1 000倍液将苗床淋透
		发病期间用30％恶霉灵水剂1 000倍液、80％代森锰锌可湿性粉剂600~800倍液等，用药时采用浇灌法，让药液接触到受损的根茎部位，连用2~3次，间隔7~10天
	柑橘脚腐病	刮除腐烂部分连同病部附近的一些健康组织，然后选涂25％瑞毒霉可湿性粉剂400倍液、90％乙膦铝可湿性粉剂200倍液等药剂
虫害	柑橘斜纹夜蛾	按酒：水：糖：醋=1：2：3：4的比例配制诱虫液，将盆放于田间（用支架等方法使盆高于植株），诱杀成虫。药剂防治可选择：2.2％甲维盐微乳剂1 500倍液、20％虫酰肼可湿性粉剂1 000~1 500倍液、90％敌百虫晶体1 000倍液等交替使用
	柑橘红蜘蛛	防治指标：春季在3~4头/叶，夏秋季5~7头/叶。药剂防治可选择：99％机油乳剂200倍液、15％速螨酮乳油2 000~3 000倍液、1.8％阿维菌素乳油3 000~4 000倍液等交替轮换使用
	柑橘潜叶蛾	药剂防治可选择：25％杀虫双水剂500倍液、25％西维因可湿性粉剂500~1 000倍液、10％吡虫啉乳油1 500倍液等。每隔7~10天喷1次，连续喷2~3次